AF462069

ESSAI

SUR

QUELQUES SÉLECTIONS

DE

L'ESPÈCE HUMAINE

PAR

A. SUSS,
Docteur en médecine de la Faculté de Paris,
Ancien interne en médecine et en chirurgie des hôpitaux de Paris.

PARIS
A. PARENT, IMPRIMEUR DE LA FACULTÉ DE MÉDECINE
A. DAVY, successeur
31, RUE MONSIEUR-LE-PRINCE, 31

1881

A MON PÈRE ET A MA MÈRE

Témoignage de reconnaissance.

A MES FRERES, A MES SŒURS

MEIS ET AMICIS

A M. LE DOCTEUR MARC SÉE
Membre de l'Académie de médecine.

(Internat 1877).

A M. LE PROFESSEUR FOURNIER

(Internat 1879).

A M. LE DOCTEUR ÉDOUARD LABBE

(Internat 1879).

A M. LE DOCTEUR J. BERGERON
Secrétaire de l'Académie de médecine.

(Internat 1880).

A MON PRÉSIDENT DE THÈSE ET SAVANT MAITRE

M. LE PROFESSEUR RICHET

A MES MAITRES DE LA FACULTÉ DE MÉDECINE DE NANCY

LES PROFESSEURS LALLEMENT, POINTCARRÉ,
ET BERNHEIM

ESSAI

SUR

QUELQUES SÉLECTIONS

DE

L'ESPÈCE HUMAINE

CHAPITRE I.

DES SÉLECTIONS DANS L'ESPÈCE HUMAINE PRISES EN GÉNÉRAL.

Les espèces animales tant pour se perpétuer que pour assurer leur existence présente sont continuellement en lutte les unes avec les autres. De plus dans la même espèce les individus combattent constamment les uns contre les autres : cet antagonisme porte en philosophie le nom de *lutte pour l'existence*. L'étude attentive de la zoologie a démontré depuis longtemps, grâce aux immortels travaux de Darwin, de Lamarck et de Hœckel, que, dans toutes les espèces inférieures à l'homme, les plus aptes à la reproduction triomphent toujours dans la lutte.

Cette victoire constitue la *sélection naturelle.*

Ce n'est que dans ces dernières années que l'on a commencé l'étude de la sélection naturelle dans l'espèce humaine, de ses difficultés et des modalités qu'elle emploie pour arriver à obtenir le résultat auquel elle doit tendre infailliblement: la perpétuation et le perfectionnement de notre espèce.

Les travaux relatifs à ce sujet sont donc rares et confus, et cela tient à plusieurs causes. La plus importante c'est que les médecins sont toujours restés à peu près indifférents aux tentatives qui ont été faites à cet égard. On trouve, il est vrai, dans le chapitre que Darwin consacre à la sélection sexuelle, quelques pages intéressantes dans lesquelles l'auteur cite des cas d'hérédité physiologique et pathologique observés dans l'espèce humaine; mais n'étant pas médecin, il n'y attache aucune importance.

En France, une première tentative fut faite en 1857 par l'aliéniste Morel dans un livre important intitulé « Traité des dégénérescences intellectuelles, physiques et morales de l'espèce humaine. » Il faut cependant citer avant lui les noms de Buffon, de Maistre, de Flourens, de Martius, dont les travaux sont comme le prologue des œuvres contemporaines.

Enfin, au point de vue de la sélection humaine en général, nous ne connaissons plus qu'une seule œuvre considérable, publiée en France dans les Mémoires de la Société d'anthropologie en 1876 par M. Tschouriloff.

Ce jeune médecin russe, un des élèves les plus brillants de Broca, mort, comme tant d'autres, victime de son dévouement aux malades, a, dans une « Etude sur la dégénérescence physiologique des peuples civilisés » démontré de la façon la plus péremptoire que les guerres sont une des causes les plus puissantes de la dégradation de l'espèce humaine ou, pour parler plus exactement, un des plus grands empêchements de la sélection naturelle.

Ces empêchements, sur lesquels nous reviendrons sont nombreux et variés : on les appelle *sélections artificielles*. Les causes qui les produisent sont d'ordres bien divers ; dans l'article « Dégénérescence du dictionnaire Dechambre, » paru il y a quelques jours, M. Dailly en a donné le tableau suivant :

A. Pathologiques.........	Syphilis, scrofulose, tuberculose, lèpre.	
	Rachitisme.	
	Cancer.	
B. Toxiques.............	Poisons ethniques......	Alcool.
		Opium.
		Tabac, chancre.
	Alimentaires, pellagre, ergotisme, misère	
	Professionnelles, mines, plomb, arsenic.	
C. Géographiques et climaériques	Non acclimatement.	
	Froid, chaleur.	
	Altitude, malaria, goître et crétinisme.	
D. Sociologiques.........	Division du travail, excès cérébraux.	
	Professions.	
	Croisements ethniques.	
	Sélection militaire.	
	Agglomerations urbaines.	
	Stérilité ethnique.	

Ce tableau, comme on le voit, embrasse tant de questions qu'il faudrait bien des volumes pour les étudier et les développer, et cependant il est bien loin d'être complet. Ainsi, pour ne nous en tenir qu'aux sélections pathologiques qui formeront la base et le fond de notre travail, nous sommes obligés de faire observer que M. Dailly a omis une classe d'affections de la plus haute importance et qui exercent sur l'espèce humaine une influence capitale: nous voulons parler des épidémies; non pas que nous ne comprenions l'abstention de M. Dailly et que nous ne soyons décidés à imiter sa sage réserve. Elle tient à l'absence complète des documents historiques et à l'impossibilité absolue où l'on se trouve de déterminer d'une façon sérieuse, si telle ou telle maladie épidémique détruit les individus malingres plutôt que les autres, ou bien si elle ne choisit pas ses victimes; en un mot, si elle est ou non un auxiliaire de la sélection naturelle. Ce ne serait d'ailleurs pas là le seul point à étudier. Il faudrait rechercher si ces maladies, alors qu'elles ne tuent pas, n'exercent pas sur les individus qui en ont été atteints une fâcheuse influence, capable de se révéler seulement dans les générations qui leur succèdent: autant de points importants, autant de questions impossibles à résoudre avec les données actuelles.

Nous ne voulons pas prétendre que des efforts n'aient point été faits depuis quelques années. M. Besnier, secrétaire général dela Société médicale des hôpitaux, publie tous les trimestres un résumé statistique de toutes les épidémies observées dans les hôpitaux.

M. Bertillon, chef de la statistique municipale, accomplit ses fonctions avec un dévouement exemplaire et publie toutes les semaines un relevé très intéressant. La vérité nous force à ajouter que tous les membres du corps médical n'apportent pas toujours à ces maîtres éminents un concours très efficace, et considèrent malheureusement quelquefois comme une corvée ce qui est un tribut payé à la science. Il faudrait que l'entraînement fût général, que toutes les épidémies fussent étudiées dans leurs plus petits détails, et alors on acquerrait sur leur étiologie, leur marche et leurs effets, des données précises qui font absolument défaut jusqu'à nos jours.

Il n'en est pas de même des maladies dites diathésiques : ces dernières, par leurs effets immédiats autant que par leurs résultats héréditaires, ont davantage frappé le corps médical et permettent de déterminer non pas avec certitude mais approximativement comment elles influent sur la sélection naturelle, et par elles-mêmes, et par contagion, et par hérédité. Il est important en effet, au point de vue qui nous occupe, de rechercher non pas seulement si les maladies générales font périr tous les ans une plus ou moins grande quantité d'individus, mais aussi comment elles influent sur eux-mêmes, sur les autres individus de l'espèce humaine et sur leurs descendants. Nulle part cette nécessité n'éclate aux yeux d'une façon plus évidente que dans la tuberculose pulmonaire et dans la syphilis.

Les chapitres suivants seront consacrés à l'influence des maladies dites diathésiques; et comme ce mot n'a aucune signification aujourd'hui, il faut bien limiter notre sujet en disant que nous voulons parler de la scrofule, de la tuberculose, de la syphilis, du cancer, du rachitisme.

CHAPITRE II.

INFLUENCE DE LA SCROFULE SUR LA SÉLECTION NATURELLE.

Au nombre des maladies qui concourent à la dégénérescence de l'espèce humaine ou qui enrayent au moins son perfectionnement, la scrofule se place incontestablement à l'un des premiers rangs. Elle est beaucoup plus fréquente dans les villes qu'à la campagne. De prime abord on serait tenté de croire que l'agglomération, le manque d'air, une nourriture insuffisante, qui sont les raisons de cette différence, constituent les seules causes de la maladie dont nous parlons. Il n'en est rien cependant.

Dans des temps déjà fort éloignés de nous, Faure, Diels, White, Henning ont nié formellement l'hérédité de cette affection; d'autres médecins ont prétendu qu'elle l'était constamment. Bazin, dont la compétence en la matière ne saurait être niée, déclare dans son traité « de la scrofule » que l'hérédité de cette maladie peut s'établir de trois manières toutes différentes :

1° Les parents transmettent à leurs enfants la maladie déclarée ;

2° Ils transmettent à leurs descendauts la constitution strumeuse (complexion strumeuse);

3° Les enfants héritent de la simple prédisposition.

Sans nous attarder à signaler les noms de tous les auteurs qui ont écrit sur l'hérédité de la scrofule, prenant parti pour ou contre elle, nous ne pouvons cependant passer sous silence l'opinion éclectique qui consiste à admettre à côté de la cause prédisposante (transmission par les parents), une cause déterminante (mauvaise hygiène, encombrement, alimentation défectueuse, etc.).

De tous les documents qui existent à ce sujet on ne peut déduire comme sérieusement établies que les propositions suivantes :

1° Il existe une scrofule héréditaire et une scrofule acquise ;

2° Elle peut n'attaquer que quelques membres d'une même famille;

3° Il est rare de voir des enfants scrofuleux naître directement de parents scrofuleux ; en général ce sont les enfants conçus dans de mauvaises conditions qui sont frappés.

Cette dernière proposition mérite quelques développements.

Tout le monde admet aujourd'hui que quand le père et la mère sont très âgés ou quand ils vivent dans des conditions hygiéniques insuffisantes, les enfants ont beaucoup de chance de devenir scrofuleux, s'ils ne le sont pas à leur naissance. Il ne faudrait pas conclure de là que la scrofule soit rare dans la classe aisée et même riche de la société. Là, en effet, mille autres raisons, établies d'une façon péremptoire, contribuent à la création de rejetons scrofuleux. C'est d'abord le mariage entre consanguins dans les familles qui ne sont pas pures de souillure diathésique, et c'est là, dans les villes au moins, le cas de la majeure partie d'entre elles. C'est là aussi le fait de la classe dite aristocratique où le défaut de croisement amène une déchéance physique sans cesse croissante et où la maladie qui nous occupe est loin d'être une rareté. Le même reproche a été adressé à la race juive et, quoique le fait ne soit pas bien établi, il est certainement à craindre que la scrofule n'y fasse des victimes tous les jours plus nombreuses si, pour des raisons que nous ne voulons pas examiner, leur croisement avec les autres races continue à ne pas pouvoir s'effectuer.

Une autre cause plus rare, mais non moins incontestable, c'est la conception pendant la convalescence des maladies aiguës graves. Il est absolument indifférent à cet égard que le père ou la mère se trouve en état pathologique. Je puis citer à cet égard une observation des plus curieuses.

Un homme, habitant Paris, déjà père de trois enfants, fut atteint de la fièvre typhoïde et pendant la convalescence de cette maladie rendit sa femme enceinte pour la quatrième fois. Ceci se passait en 1872.

Or, depuis cette époque elle eut deux autres enfants, un garçon et une fille. Je connais cette famille et je puis certifier que les parents et les enfants ont une santé excellente, excepté la petite fille conçue pendant la convalescence de la fièvre typhoïde : celle-ci présente tous les attributs de la scrofule : adénite sous-maxillaire suppurée, impétigo du cuir chevelu, blépharite chronique.

Si ces cas sont rares, ils n'en sont pas moins excessivement dangereux au point de vue de la sélection, puisque dans une famille, jusqu'alors saine, il s'introduit un être qui peut se reproduire et créer un embranchement souillé d'un vice héréditaire.

Si encore les scrofuleux restaient toujours des scrofuleux, mais personne n'ignore la relation étroite qui unit la scrofule à la tuberculose, et l'on va jusqu'à dire aujourd'hui que c'est une seule et même maladie.

Cette opinion, déjà émise par Rilliet et Barthez, a été développée avec beaucoup d'autorité par M. Grancher dans une discussion récente de la Société médicale des hôpitaux. Mais tous ses arguments, fussent-ils admis d'une façon définitive, n'auraient jamais qu'une valeur anatomique et l'on est entraîné, malgré soi, à se ranger à l'avis de M. Cornil. Ce savant médecin a fait remarquer qu'au point de vue nosologique la scrofule était complètement différente de la tuberculose, et par son étiologie, et par sa marche, et par ses terminaisons. Tout au plus sous ce rapport, et en employant une expression un peu familière, peut-on admettre que ces deux maladies sont très proches parentes.

Les données qui précèdent nous montrent la scrofule sous un jour tout spécial, alarmant pour l'espèce humaine, la dégradant par hérédité, par l'extension qu'elle prend et par sa transformation possible en tuberculose. Sous tous ces aspects elle est un grand adversaire de la sélection naturelle.

Mais si nous l'étudions dans ses rapports avec la mortalité, nous allons la voir au contraire se transformer en auxiliaire, modeste il est vrai, mais en auxiliaire certain de la sélection naturelle, en faisant disparaître une certaine quantité de produits dégénérés. Si on la considère à ce point de vue, on remarque tout d'abord que la scrofule acquise est beaucoup plus meurtrière que la scrofule héréditaire; et, parmi les causes complexes qui peuvent produire la première, il n'y en a pas de plus puissante que l'internement.

Qu'on nous permette à cet égard de reproduire les chiffres suivants que nous avons extraits de la thèse de notre ami le Dr Deligny, et qui sont relatifs à la mortalité par scrofule dans les maisons de détention, pendant une période de onze ans, de 1861 à 1872 :

En 1861,	sur 822	décès,	22,	c'est-à-dire	2,6	p. 100.
— 1862	— 783	—	31	—	3,9	—
— 1863	— 761	—	12	—	1,5	—
— 1864	— 771	—	30	—	3,7	—
— 1865	— 663	—	19	—	2,8	—
— 1866	— 587	—	10	—	1,7	—
— 1867	— 505	—	12	—	2,3	—
— 1868	— 561	—	16	—	2,8	—
— 1869	— 578	—	10	—	1,7	—
— 1870	— 585	—	11	—	1,8	—
— 1871	— 610	—	7	—	1,1	—
— 1872	— 541	—	6	—	1,1	—

De ce petit tableau on peut tirer facilement des conclusions intéressantes. C'est avec raison que le Dr Deligny, reflétant la pensée du Dr Bancel, médecin de la maison de détention de Melun, pense que le nombre, relativement considérable pour des adultes, de morts par scrofule acquise est dû à l'alimentation insuffisante et au manque d'exercice à l'air libre : ce dernier point est très discutable.

Dans le plus grand nombre des maisons de détention, l'espace dans lequel travaillent les prisonniers est très grand et bien aéré; on y fait faire des exercices, beaucoup trop d'exercices, à notre avis. Quelquefois même ces détenus sont véritablement surmenés, et pour refaire leurs forces on leur donne une nourriture réellement insuffisante et comme quantité et comme qualité; comme boisson, de l'eau, jamais autre chose que de l'eau. C'est là un système déplorable et inhumain; car sans s'apitoyer outre mesure sur le sort d'individus, toujours dangereux au point de vue de la sélection naturelle, on ne peut s'empêcher de trouver injuste un système qui change (par défaut d'alimentation) quelques années de détention en peine de mort.

La meilleure preuve de cette vérité, c'est que l'administration elle-même a fini par s'en convaincre : elle a amélioré la situation, et la mortalité par scrofule qui était de 3 p. 100 il y a quinze ans, n'est plus aujourd'hui que de 1 p. 100.

En continuant toujours à étudier les services que la scrofule rend à la sélection naturelle, nous avons trouvé plusieurs documents intéressants. Citons les noms de leurs auteurs une fois pour toutes, car ces travaux se rapportent aussi bien aux autres diathèses qu'à la scrofule. C'est d'abord le Traité de statistique mortuaire du canton de Genève, publié en 1858 par Marc d'Espine; puis le Registral general qui paraît en Angleterre depuis 1855; enfin, le Traité de statistique médicale paru en 1864 à Tubingue, et dont l'auteur est Œsterlen. Jusque dans ces dernières années les statisticiens français n'ont pas compris la scrofule dans les causes de mortalité, et même dans l'article Décès de M. Bertillon, tout en donnant la scrofule comme une maladie capable d'amener la mort, cet auteur ne la signale pas dans le tableau relatif au « Degré de fréquence de quelques maladies principales dans la ville de Paris pendant les années 1874-79 ». Nous signalons cette lacune, quoique nous soyons convaincu que la faute n'en est pas au savant médecin que nous venons de citer.

Voici le tableau des renseignements fournis par les documents parus à l'étranger :

		Sur 10,000 habitants.	Sur 1,000 décès.
Genève	1838 à 1855	30	16 par scrofule.
Angleterre ...	1838 à 1841	16	8 —
Id.......	1850 à 1859	15	6,6 —
Id.......	1858	15	6,6 —
Id.......	1859	15	6,8 —
Londres......	1849 à 1853	14	6 —
Id........	1858	17	7,2 —
Id........	1859	15	6,7 —
Belgique.....	1851 à 1855	15	12 —

De ces documents nous avons encore tiré plusieurs enseignements qui ne peuvent pas se résumer sous forme de tableau :

1° La scrofule se rencontre chez les personnes de tous les âges, de 0 à 85 ans ;

2° La mortalité la plus grande s'observe dans les quatre premières années de la vie ; elle va ensuite en diminuant, malgré tout ce qu'on a dit sur la scrofule des vieillards : cette scrofule existe, en réalité, mais elle est rarement mortelle ;

3° La diathèse scrofuleuse, d'après les derniers documents statistiques, semble en voie de décroissance légère : il est d'autant plus nécessaire d'être sceptique à cet égard que pour qu'une pareille proposition fût nettement établie, il faudrait que les appréciations pussent porter au moins sur un demi-siècle.

En résumé, la scrofule agit de deux manières différentes sur l'espèce humaine : par mortalité, en débarrassant l'espèce de produits mauvais à tous égards ; d'autre part, par hérédité et transformation possible en tuberculose, elle a une action absolument funeste et contraire au perfectionnement des races humaines. Ainsi donc, logiquement, rationnellement, le corps médical, en empêchant un certain nombre de scrofuleux de mourir rendrait un très mauvais service à l'humanité : c'est là une opinion qu'il est absolument nécessaire de méditer avec soin et de réduire à sa juste valeur.

La médecine contemporaine, dit Hœckel, qui ne réussit pas encore à guérir la plupart des maladies chroniques et notamment les diathèses, la scrofule, la tuberculose, le cancer, est arrivé néanmoins à un degré de perfection suffisante pour prolonger considérablement l'existence de ceux qui sont atteints de ces affections. On leur permet ainsi de se reproduire, et alors, au lieu de perpétuer des familles saines, ils éternisent au contraire les vices héréditaires.

Le philosophe allemand reconnaît cependant que dans notre société moderne on rirait avec juste raison d'un homme politique ou d'un médecin qui proposerait, pour améliorer l'espèce humaine, de détruire à leur naissance tous les enfants entachés de vice originel !

Pour que les dangers des progrès de la médecine, qui ne sont d'ailleurs pas aussi considérables dans le traitement des maladies générales que paraît se l'imaginer le savant zoologiste d'outre-Rhin, pour que ces dangers, disons-nous, fussent vraiment sérieux, il faudrait que les individus des deux sexes atteints par la diathèse scrofuleuse continuassent à procréer comme les individus sains. Or, rien n'est moins démontré et, sans vouloir insister sur des arguments extra-médicaux, nous ne pouvons nous empêcher de faire remarquer que les stigmates et les accidents de la scrofule peuvent être dans un certain nombre de cas des empêchements au mariage. D'autre part, quoi qu'on en ait dit, la débilité générale qu'occasionne ce genre d'affection porte aussi bien sur les organes génitaux que sur le reste de l'économie : cette donnée est pour le moins applicable au sexe masculin, et diminue d'autant les chances pernicieuses de l'hérédité.

Il n'en reste pas moins dans l'opinion de Hœckel, un fond de vérité dont il convient de tenir sérieusement compte; et puisqu'on ne peut pas s'arrêter un instant au remède de Lycurgue à ce sujet, il faut bien chercher contre cette diathèse des secours plus ou moins efficaces, mais plus conformes à la civilisation de notre époque.

Comme ce sont la nourriture mauvaise, l'agglomération, le défaut d'aération qui sont les principales causes de la scrofule acquise, c'est contre elles qu'il faut réagir, et comme le mal est grand, il faudrait que le remède fût énergique. Les statistiques de nos temps ont démontré que la mortalité par scrofule est en voie de décroissance : cela tient sans doute à ce que dans les grandes villes on a fait disparaître une masse de vieilles rues étroites et tortueuses, composées de maisons où ne pénétraient ni l'air ni la lumière, pour les remplacer par de larges boulevards et des maisons spacieuses et bien aérées. Certes les administrateurs qui prennent l'initiative de ces grands travaux d'assainissement, à l'initiative desquels le corps médical reste un peu trop indifférent, sont dignes des plus grands éloges.

Malheureusement il n'en est plus de même au point de vue de l'alimentation. A Paris, par exemple, toutes les denrées alimentaires sont falsifiées avec une audace inouïe; le vin surtout, si nécessaire à ceux qui font de grandes dépenses musculaires, échappe rarement à la sophistication. Le café, le lait et les autres liquides dont les ouvriers font malheureusement un usage trop fréquent, sont soumis à des manipulations chimiques redoutables, ainsi que le témoignent les chiffres publiés par le laboratoire municipal de Paris ; en un mot, dans la capitale, il faut être riche si l'on ne veut être exposé à une intoxication lente mais quotidienne.

Sans vouloir nous arrêter plus longuement sur ces considérations, nous regrettons vivement que l'adminiministration se contente seulement d'analyser les produits qu'on lui apporte et de déclarer s'ils sont naturels ou falsifiés. Elle devrait analyser au hasard des marchandises prises tant chez les fabricants que chez les commerçants, et frapper avec sévérité tous ceux qui trompent sur la qualité de la chose vendue : nous ne voyons pas où gît la difficulté de pareilles mesures qui seraient aussi simples qu'efficaces.

Ainsi donc, destruction des vieilles maisons mal aérées, assainissement des villes, inspection sévère des denrées alimentaires, tels sont pour nous les véritables remèdes contre la scrofule, et nous pensons qu'avec le temps ils seront beaucoup plus efficaces que l'huile de foie de morue.

CHAPITRE III.

DE LA TUBERCULOSE DANS SES RAPPORTS AVEC L'ESPÈCE HUMAINE.

Dans ses rapports avec l'espèce, trois points consipérables s'imposent à l'étude et méritent d'être approfondis dans tous leurs détails; ces trois questions qui excercent sur l'avenir de l'humanité une influence capitale sont : la contagiosité et l'hérédité de la phthisie, et sa contribution à la mortalité générale.

Pour éviter toute erreur et toute contradiction possible, nous devons déclarer que nous emploierons indistinctement les mots phthisie ou tuberculose, et que ce que nous disons de cette maladie se rapporte en général aussi bien à la tuberculose pulmonaire qu'à la manifestation tuberculeuse dans les autres organes : il n'y a d'exception que pour la contagiosité, qui n'existe que pour la localisation pulmonaire de la diathèse.

Contagiosité. — La contagion de la tuberculose avait toujours été admise depuis la plus haute antiquité jusqu'au jour où les expériences contradictoires de Villemin et Lebert, faisant sortir la question du domaine de la simple observation dans celui de l'expérimentation sur les animaux, vinrent jeter un doute dans les esprits les mieux fixés sur la question, doute qui commence heureusement à se dissiper.

De toute antiquité : Aristide déclare qu'elle rend l'haleine corrompue et que ceux qui la respirent en souffrent; Hippocrate, Valsalva et Morgagni son élève sont des partisans convaincus de la contagion. On pourrait y ajouter, à des époques diverses, une longue liste de médecins éminents : citons seulement Franck, Fracastor et Van Swieten.

En 1781, on brûla à Nancy, sur la place publique, les hardes d'une femme atteinte de tuberculose pour avoir couché souvent dans le lit d'une poitrinaire.

C'est au commencement de notre siècle que, par une étrange réaction que rien n'explique, que le doute s'éleva dans tous les esprits et que les sommités médicales abandonnèrent complètement l'idée de la contagion de la phthisie. Bientôt, heureusement, Andral, dont l'esprit sagace ne pouvait s'abandonner à une hostilité systématique contre l'idée contagioniste, déclare qu'on a exagéré singulièrement la facilité de la contagion de la phthisie, mais qu'il serait peu sage de la nier absolument et dans tous les cas. Trousseau en 1845 exprime aussi le regret d'avoir vu proscrire trop légèrement l'opinion de la communicabilité de la phthisie pulmonaire. Le réveil de cette question devait amener fatalement des idées exagérées, et c'est ainsi que Tholosan, dans un article de la Gazette médicale de Paris, disait : « Si l'opinion que j'énonce ici se confirme, il faudra à l'avenir considérer la phthisie des armées plutôt comme une maladie scientifique, infectueuse, que comme une affection organique diathésique, héréditaire. La pathologie, éclairée par l'hygiène, aurait ainsi à modifier une de ses croyances les plus absolues, et cette réforme seconderait à son tour et généraliserait un des progrès les plus importants de l'hygiène. » Nous ne voulons pas insister pour démontrer ce qu'il y a d'excessif dans une pareille opinion sur la phthisie. Le 5 décembre 1865, M. Villemin vint annoncer à l'Académie de médecine qu'il avait réussi à produire la tuberculose chez les animaux en leur inoculant du tubercule. Ses expériences avaient une double importance : être un argument puissant en faveur de la contagiosité, renverser la doctrine de la dualité de la phthisie.

De nombreux expérimentateurs se mirent à l'œuvre pour confirmer et pour contredire les faits avancés par le professeur du Val-de-grâce. Comme toujours, quand la saine clinique ne peut pas avoir le dernier mot et qu'on est obligé de conclure des animaux à l'homme, quelque intéressants que fussent les résultats obtenus, ils ne vinrent pas jeter une lumière éclatante sur la question.

Les conclusions les plus graves furent celles que Lebert tira de ses recherches, à savoir que l'inoculation de matières non tuberculeuses peut parfaitement engendrer la phthisie.

C'est en vain que le professeur Parot a essayé de faire ressortir les différences qui existent chez les animaux inoculés avec du tubercule ou avec d'autres substances, au point de vue des symptômes qu'ils présentent, au point de vue de la durée de leur maladie et des altérations que l'on trouve dans leurs organes à l'autopsie', l'autorité de Lebert n'en vint pas moins jeter le trouble et l'incertitude dans tous les esprits.

L'Académie de médecine elle-même se partagea en deux camps; la vérité, selon nous, fut dite en ces termes par le professeur Hardy : « Je sais que jusqu'à présent, les faits confirmatifs de la possibilité de cette contagion ne sont pas nombreux; surtout ils n'ont pas été réunis. Chaque médecin en possède deux, trois, quatre, cinq dans sa mémoire, mais si l'on se donnait la peine de rassembler tous ces faits épars, on arriverait à un résnltat d'une certaine valeur, qui sait même si, en cherchant bien, et avec un peu de temps on ne parviendrait pas à ce fameux chiffre de 400, déjà cité ici, et qui présenterait alors un degré réel de certitude ? »

Notre ami le Dr de Musgrave Clay, qui a fait sur la contagiosité de la phthisie pulmonaire une thèse remarquable à laquelle nous avons fait de larges emprunts, a extrait des journaux américains quelques documents intéressants que nous allons signaler. Le Dr James Rawlins (Med and surg. Reporter, 29 mai 1875), rapporte que jusque dans ces derniers temps la tuberculose n'était pas plus fréquente chez les noirs que chez les blancs, et, en vérité, il lui semblait même que le mélange des races constituât une cause prédisposante; car les Africains qui ne se croisaient pas, jouissaient d'un certain degré d'immunité, mais depuis, le contraire a lieu, et l'affection se montré surtout sous une forme aiguë. Nous nous demandons comment notre ami de Musgrave Clay, qui invoque en tête de son travail la logique de Port-Royal, voit dans le récit du Dr Rawlins un argument en faveur de la contagion ; il est inutile de signaler les mille conditions étiologiques de la phthisie, que l'arrivée des blancs a dû amener chez ces peuplades.

C'est avec plus de raison et avec plus de poids que le Dr de Musgrave Clay nous rend compte d'une véritable consultation que le Dr Bowdith (*in Practitioner*, vol. XI, p. 69) a demandée à 210 de ses confrères de l'État de Massachussets; il a reçu en ce qui touche la contagion de la phthisie les réponses suivantes : 110 médecins croient aux propriétés contagieuses de cette maladie, 45 les nient, 27 restent dans le doute, 28 n'ont pas répondu.

Tel est l'ensemble des opinions émises jusqu'à ce jour sur la contagion de la phthisie; il est de notre devoir d'examiner en quelques mots les objections faites sur la contagiosité et les arguments donnés en sa faveur.

Un grand nombre de faits ont établi que les cas de contagion étaient surtout observés chez les époux qui pendant de longs mois partageaient le même lit; on a conclu que les rapports sexuels étaient un des moyens de transmission de la phthisie. Rien n'est plus erroné qu'une pareille opinion, et rien n'est moins rare que les observations dans lesquelles des domestiques du sexe féminin, robustes et de familles saines, sont devenues tuberculeuses en donnant des soins assidus à leurs maîtresses.

On a été plus loin et Bruchon a pensé qu'un mari

tuberculeux, en rendant sa femme enceinte d'un enfant atteint de la même affection que lui, pouvait indirectement infecter celle-là. Cette hypothèse qui n'est pas absolument démontrée pour la syphilis, quoique très vraisemblable, est tout à fait problématique et prématurée en ce qui concerne la tuberculose. Ce n'est pas à dire que les grossesses et surtout les grossesses répétées soient sans influence sur la contagiosité; mais en débilitant les femmes et en les mettant dans des conditions où elles sont plus aptes à être contaminées: c'est ce qui explique aussi que les femmes sont plus souvent victimes de la contagion que les hommes.

L'âge n'est pas non plus indifférent à la transmissibilité et, si l'on cite des observations chez des gens âgés, il n'en est pas moins vrai que les personnes jeunes sont beaucoup plus exposées : ce en quoi la tuberculose se rapproche de la plupart des autres maladies contagieuses.

La prédominance de la contagion chez les personnes du sexe féminin s'explique par le manque d'exercice et l'internement relatif qu'elles ont l'habitude de s'imposer surtout quand un des membres de leur famille se trouve malade : on sait que dans ces conditions l'étiologie de la phthisie pulmonaire se manifeste avec une grande facilité.

Ainsi que le fait remarquer Musgrave Clay, c'est dans les périodes avancées de la maladie que la contagion est la plus fréquente; mais il oublie de se demander si c'est parce qu'il faut de longs mois de rapports continuels avec les tuberculeux pour que la contagion puisse se produire : ce fait semble ressortir d'un certain nombre des observations qu'il a citées. En effet, dans une observation de Weber, on parle d'un individu qui s'étant marié quatre fois a contaminé successivement ses quatre femmes et est mort tuberculeux à fin de compte.

Comme ce fait nous paraît en même temps des plus concluants au point de vue de la contagion, nous croyons utile de le donner au long.

Observation.

(Hermann Weber. On the communicability of consumption from husband to wife. In Clinical Society's Transactions, 1874, vol. VII, p. 144).

J... a vu mourir sa mère, deux frères et une sœur de phthisie pulmonaire ; lui-même a eu à deux reprises des hémoptysies à l'âge de 20 et 21 ans ; il s'est ensuite fait marin et s'est très bien porté à partir de sa vingt-cinquième année ; il s'est marié à l'âge de 27 ans.

Il épouse :

1° D'abord une femme appartenant à une famille absolument saine ; cette femme a joui d'une santé excellente jusqu'à sa troisième grossesse, époque à laquelle elle a commencé à tousser et à maigrir. Elle est morte de phthisie après son troisième accouchement.

2° Au bout d'un an, il se marie de nouveau avec une femme présentant toutes les apparences de la santé, et qui, après la première année de vie conjugale, se mit à tousser, eut des hémoptysies, et mourut de phthisie galopante.

3° La troisième femme appartenait à une famille jouissant d'une santé exceptionnelle ; en effet, elle avait son père, sa mère, quatre frères et deux sœurs, tous vivants, en bonne santé. Elle avait 25 ans lorsqu'elle se maria, et elle continua à jouir d'une excellente santé jusqu'à sa seconde grossesse, époque à laquelle elle se mit à tousser et à avoir un peu de fièvre ; elle eut deux hémoptysies, et lorsque je la vis, sept semaines après son second accouchement, elle présentait des lésions étendues des deux sommets, de la fièvre hectique, et des sueurs profuses. Un mois plus tard, elle fut prise d'hémorrhagies pulmonaires graves et mourut peu après, environ huit mois après l'apparition des symptômes.

L'autopsie révéla des signes de phthisie pulmonaire.

4° La quatrième femme, que je soignai comme les précédentes, n'avait dans sa famille aucun symptôme de phthisie, et lors de son mariage elle était âgée de 23 ans et jouissait d'une santé parfaite. Environ treize mois plus tard, trois mois après son premier accouchement, qui s'était très bien passé, elle commença à tousser, et elle eut un peu de fièvre ; bientôt des symptômes très nets se manifestèrent au sommet droit d'abord, puis au sommet gauche ; il y eut en outre des hémoptysies, et un léger épanchement pleurétique.

Pendant un voyage qu'elle fit à Melbourne, elle éprouva une amélioration passagère, mais elle fut prise, une fois arrivée dans cette ville, d'une hémorrhagie grave, et elle mourut, peu de temps après son retour en Angleterre, neuf mois après le début de sa maladie.

L'autopsie montra des lésions pneumoniques et tuberculeuses étendues dans les deux poumons ainsi que des lésions tuberculeuses de l'intestin, de la rate et du foie.

A deux reprises, en 1854 et en 1857, après la mort de sa troisième femme, et pendant la maladie de la quatrième j'eus l'occasion d'examiner J.... Sa santé générale était excellente, et il m'assura qu'il ne toussait pas et qu'il crachait seulement un peu de mucus le matin. La partie supérieure du côté gauche du thorax était aplatie; dans la même région, à la percussion, il y avait moins de sonorité qu'à droite; l'inspiration était peu distincte, l'expiration prolongée, et de temps en temps on entendait des râles.

Il ne se remaria pas, estimant qu'il exposerait à « une mort certaine » la femme qu'il choisirait. Il continua à se bien porter et à exercer sa profession de marin jusqu'en 1869, époque à laquelle il fut retenu au lit pendant plusieurs mois par une fracture grave : il commença alors à tousser, le sommet droit, qui jusque-là était resté sain, fut atteint, et la phthisie se développa régulièrement et amena la mort du malade en 1871. L'autopsie montra les résultats de la cicatrisation au point où avait primitivement siégé la maladie et aussi des lésions récentes.

Un autre point qui nous semble établi (pour ceux qui admettent la contagiosité de la tuberculose), c'est que dans les cas de phthisie acquise par contagion, la marche de la maladie est extrêmement rapide et que généralement les personnes contaminées succombent avant celles qui leur ont communiqué la maladie. L'observation de Hermann Weber que nous avons reproduite en est un remarquable exemple. Quel est le mode suivant lequel s'exerce la contagion ? Il est probable que des petites parcelles se détachent des crachats, voltigent dans les appartements où l'air est renouvelé d'une façon insuffisante et sont absorbés ainsi par des individus sains.

En Allemagne, on a même fait des expériences sur des chiens. Trapeiner a dilué des crachats de tuberculeux et, après les avoir pulvérisés, les inhala à onze chiens : tous sont morts phthisiques.

De tous ces faits on peut conclure : 1° que la tuberculose pulmonaire peut être acquise par contagion ; 2° que la vie en commun dans des appartements mal aérés est favorable à la contagiosité ; 3° que l'état avancé des lésions pulmonaires du malade et la jeunesse de celui qui le soigne sont également des conditions très fâcheuses.

Nous n'ajouterons plus qu'un mot sur cette grave question. Quelle peut être la responsabilité, et quelle doit être la conduite du médecin dans les circonstances complexes qui peuvent se présenter ?

Lorsqu'il sait pertinemment qu'on veut unir une personne tuberculeuse à une personne saine, il doit chercher, si on le consulte, à empêcher le mariage par des arguments qui ne porteront pas atteinte au secret professionnel.

Lorsque dans un ménage on aura constaté les signes

de la tuberculose chez un des conjoints, on ne devra pas hésiter à proscrire aux deux époux la communauté du lit et même de la chambre.

On devra autant que possible, si le malade a besoin de soins continus, installer auprès de lui une personne âgée de plus de 40 ans.

Tout en gardant les plus grandes précautions pour empêcher tout refroidissement, on fera renouveler l'air aussi fréquemment que possible dans les chambres de phthisiques, et l'aura soin de faire enlever leurs crachats au moins tous les jours.

Hérédité de la phthisie. — La question la moins controversée et la moins discutable dans la nosologie médicale est certainement l'hérédité de la tuberculose ; pourtant les médecins ne sont pas d'accord sur sa fréquence. Ainsi, tandis que Monneret croyait que la phthisie acquise était une rareté, Louis n'admet l'hérédité que dans un dixième des cas environ, Barthez et Rilliet dans un septième, Lebert dans un sixième, Piorry, Walshe, Pidoux dans un quart, Briquet, Cotton, dans un tiers, Hill dans la moitié ainsi que Hérard et Cornil, Portal dans les deux tiers, Rufz dans les cinq sixièmes. L'opinion la plus sérieusement formulée est celle de Cotton, qui est basée sur 1,000 observations.

L'hérédité peut s'exercer, que la maladie appartienne au père ou à la mère ; cependant la mère transmet la tuberculose beaucoup plus fréquemment : certains médecins prétendent que dans ce cas ce sont surtout les filles qui sont atteintes.

Quand le mari et la femme sont tuberculeux tous les deux, les enfants ont énormément de chance de le devenir. Toutefois, quoique nous ne puissions pas citer de chiffre à cet égard, on peut dire qu'il y en a qui échappent et qu'il y en a peu.

A quel âge se montre la phthisie héréditaire? Nathalis Guillot a établi la loi suivante: un tuberculeux de 60 ans a dix chances de voir ses enfants le devenir à 40, ses petits-enfants à 20; en un mot, quand la phthisie héréditaire saute une génération, elle est plus grave en ce sens qu'elle se manifeste de meilleure heure : et l'on sait que la phthisie héréditaire, quand elle paraît dans le jeune âge, est d'une gravité exceptionnelle.

Nous ne voulons pas insister davantage sur cette question de l'hérédité qui est absolument vidée; mais avant de rechercher l'influence de la civilisation et des autres données étiologiques sur la production de la tuberculose, nous ne pouvons nous empêcher de citer ici les éloquentes paroles que Gueneau de Mussy a reproduites dans son Traité de clinique médicale: « La recherche des causes de la tuberculose se rattache à la question de la dégénération des races, et si cette question ne devait nous entraîner trop loin, je chercherais à montrer quels auxiliaires les envahissements de cette maladie trouvent dans notre état social actuel, dans nos institutions, et dans les erreurs de l'hygiène publique. Là nous eussions rencontré peut-être les conditions propagatrices les plus actives de la phthisie ; mais c'est là aussi qu'il faut chercher le remède.

« Ce remède, comme l'a dit excellemment M. Pidoux, on ne le trouvera pas dans la médecine individuelle, mais dans la médecine sociale, celle dont tous les bons esprits appellent et préparent l'avènement, celle qui, prenant la race au berceau, la suivra dans son évolution, fera au développement physique une part plus équitable dans l'éducation de la jeunesse, veillera mieux qu'on ne le fait aujourd'hui à la salubrité des habitations et des aliments, combattra par l'éducation plus largement distribuée, par l'enseignement populaire de l'hygiène, les vices destructeurs, les erreurs inévitables de l'ignorance. »

Personne n'est à l'abri de la tuberculose pulmonaire. On a vu les hommes les plus robustes en apparence succomber à cette affection ; cependant la majorité de ceux qui y sont prédisposés, présente des caractères particuliers. Ils sont en général de taille élancée, ils marchent voûtés ; leurs cils sont longs et leurs yeux sont brillants ; leurs doigts présentent les déformations dites hippocratiques ; ils sont sujets à de fréquentes bronchites : c'est chez les sujets ainsi conformés que les causes occasionnelles agissent avec le plus d'énergie.

Les causes les moins discutables sont la mauvaise nourriture, le défaut d'aération, les excès de coït et peut-être de masturbation, enfin l'irrégularité de la vie. S'il n'y a pas une différence énorme dans la fréquence de la tuberculose chez les gens riches et chez les misérables, c'est que les deux dernières causes contre-balancent les deux premières.

Aucun climat ne met à l'abri de la tuberculose, et, si son action diminue avec l'altitude, il y a cependant des exceptions à cette règle, Madrid entre autres, qui est à 2,000 mètres au-dessus du niveau de la mer. Elle est moins fréquente dans les pays froids que dans les régions méridionales, et cependant elle est des plus meurtrières dans quelques points de la zone torride. Les endroits les plus favorables à son développement sont évidemment les régions où les variations de température sont brusques et fréquentes ; à cette règle il existe une exception remarquable, l'Islande, où le climat est tout ce qu'il y a de plus variable et où le tuberculose semble inconnue.

Sur tout le globe terrestre, on ne connaît que Santa-Fé de Bogota, quelques hauts plateaux du Mexique et de la Nouvelle-Grenade où la phthisie pulmonaire est inconnue.

Toutes les races sont sujettes à la maladie; toutefois la race nègre tient le premier rang. Chez certaines peuplades de l'Amérique, elle semble avoir été inconnue, avant l'arrivée des Européens ; mais ce n'est pas par contagion, comme le prétendent certains médecins, qu'elle s'est implantée dans ces pays, c'est par les vices nombreux que la civilisation traîne toujours après elle.

Certaines professions prédisposent également à la phthisie : ce sont toutes celles qui fatiguent les organes respiratoires, toutes les industries qui donnent lieu, dans les ateliers, à la production de poussières irritantes (filature de laine, manufacture de tabacs, etc.)

L'état militaire a été également incriminé ; s'il y a quelque chose de fondé dans ces reproches, ils ont été certainement exagérés. Ce qui a donné lieu à cette assertion c'est que les soldats ont en général de 20 à 25 ans, et qu'à cet âge la tuberculose arrive à son maximum, comme nombre et comme mortalité.

Elle existe en effet à tous les âges ; elle a été observée chez des individus de 95 ans. C'est à deux périodes de la vie qu'elle sévit avec le plus d'intensité : de 0 à 5 ans et de 15 à 25. A partir de ce moment, elle décroît insensiblement.

A côté de cette action nocive sur l'espèce humaine, la tuberculose pulmonaire est de toutes les maladies l'auxiliaire le plus puissant de la sélection naturelle, car elle débarrasse le genre humain de produits extrêmement dangereux au point de vue de la perpétuation ; à elle seule elle entre pour un cinquième dans la mortalité générale. C'est elle surtout que Hœckel avait en vue quand il semblait regretter que les progrès de la médecine contemporaine permissent de prolonger l'existence des malades et par conséquent leur reproduction ; l'expérience a démontré que ses alarmes sont exagérées, que les tuberculeux ont rapidement une grande faiblesse génitale : par contre, la procréation est un peu plus forte chez les femmes tuberculeuses que chez la moyenne des autres femmes. A cet état de choses on ne connaît jusqu'à présent d'autres remèdes que la persuasion.

Nous disions que la mortalité par tuberculose est de 1 sur 5 : c'est ce point qu'il nous reste à démontrer par des chiffres que nous avons pu recueillir dans les statistiques de tous les pays. Malheureusement nous n'en possédons que de notre siècle, de sorte qu'il nous sera impossible de déterminer, d'une façon certaine, si elle est en voie de progression ou au contraire si la mortatalité qu'elle occasionne est moindre que dans les siècles qui nous ont précédés.

La première statistique que l'on rencontre est celle que Trébuchet publia dans les Annales d'hygiène de 1850-51 ; son travail est considérable et embrasse la mortalité dans Paris, de 1809 à 1848.

La tuberculose n'est séparée des autres causes de mortalité que depuis 1822 ; cependant il est fait exception pour les années 1812 et 1813 :

En 1812, sur une population de 688,142 habitants, 20,133 décès, dont 1,983 par tuberculose.

En 1813, sur une population de 694,597 habitants, 18,679 décès dont 3,000 par tuberculose.

On voit qu'à cette époque, à Paris, la mortalité par la tuberculose était de un dixième environ.

En 1822,	sur	742,720	hab.,	24,048	décès, dont	2,271	par tuberculose.
— 1823	—	747,513	—	25,843	—	2,730	—
— 1826	—	761,892	—	26,361	—	3,135	—
— 1827	—	766,685	—	24,465	—	2,530	—
— 1828	—	771,478	—	25,626	—	2,659	—

Si nous voulons examiner cette petite période au point de vue du sexe, nous trouvons :

En 1822..	2,271 décès par tuberc., dont		1,141 hommes	et	1,130 femmes.	
— 1823..	2,730	— —	1,206	—	1,524	—
— 1826..	3,135	— —	1,286	—	1,849	—
— 1827..	2,530	— —	1,086	—	1,444	—
— 1828..	2,659	— —	1,133	—	1,526	—

Un seul fait ressort de ce tableau : c'est que la mortalité augmente plus rapidement dans le sexe féminin que dans le masculin. Dans toute cette période, le statisticien a remarqué que la tuberculose était surtout fréquente de 0 à 10 ans, et plus tard de 20 à 35.

Année.	Population.	Mortalité.	Mort par tuberculose.	Hommes.	Femmes.
1829...	776,271	26,985	2,596	1,148	1,448
1830...	781,064	28,867	2,948	1,422	1,526
1831...	785,857	26,940	1,631	647	984
1832...	808,547	46,324	1,756	673	1,003
1833...	831,238	25,891	1,655	730	925
1834...	853,729	23,808	1,547	628	919
1335...	876,620	25,825	1,492	608	824
1836...	899,313	25,104	1,688	657	1,026
1837...	906,502	28,852	1,977	810	1,167
1838...	913,691	26,165	1,689	671	1,018

Comme dans la période précédente, les femmes sont mortes en plus grand nombre que les hommes.

1839...	920,880	27,114	3,492	1,705	1,787
1840...	928,069	30,431	4,388	2,135	2,203
1841...	935,261	28,023	4,294	2,133	2,161
1842...	958,988	30,410	4,363	1,124	2,239
1843...	982,710	30,186	3,897	1,966	1,931
1844...	1,006,442	29,510	3,913	1,923	1,990

Année.	Population.	Mortalité.	Mort par tuberculose.	Hommes.	Femmes.
1845...	1,030,169	27,828	3,836	1,822	2,014
1846...	1,053,897	30,836	4,696	2,316	2,380
1847...	1,081,623	32,888	5,094	2,374	2,720
1848...	1,081,623	31,962	4,551	1,998	2,553

Dans ces dix ans la tuberculose, à Paris, a été rare dans l'enfance et dans la vieillesse ; la différence entre les deux sexes a été moindre, mais la mortalité par phthisie a augmenté d'une façon générale et en 1848, elle arrive au 7e de la mortalité générale. Nous pouvons conclure des statistiques de Trébuchet que les ravages de cette maladie ont augmenté à Paris depuis le commencement du siècle. Il va être intéressant de comparer ces chiffres à ceux des six dernières années, chiffres qui ont été publiés dans l'article Décès de Bertillon, paru récemment dans le Dictionnaire Dechambre. Comme le recensement de la population parisienne n'a pas été fait depuis plusieurs années, nous admettons une moyenne de deux millions d'habitants, et nous trouvons alors :

En 1874,	une mortalité de	8,580 individus	dont 1 sur	5,1	mort par tuberc.
— 1875	—	9,310	—	5,2	—
— 1876	—	9,672	—	5,3	—
— 1877	—	8,930	—	5,2	—
— 1878	—	9,030	—	5,3	—
— 1879	—	9,500	—	5,2	—

Il ressort donc de là d'une manière incontestable que la mortalité produite par cette diathèse qui était de 1 sur 10 au commencement du siècle, a sans cesse augmenté et qu'elle est arrivée à 1 sur 5.

Il est du devoir de tous ceux qui ont souci de la santé publique de se préoccuper d'un pareil état de choses et de chercher à en connaître les motifs. Or, qu'y a-t-il donc de changé dans la capitale depuis 1809 jusqu'à nos jours? Deux faits indiscutables se sont produits : la population a plus que doublé ; d'autre part, les aliments que l'on consomme aujourd'hui sont tous plus ou moins falsifiés, grâce au progrès de la chimie industrielle. Nous avons déjà signalé ces deux dangers en parlant de la scrofule : nous ne voulons plus y insister.

Nous allons comparer ces chiffres parisiens à ceux de Genève, que nous avons trouvés dans le magnifique livre de Marc d'Espine « Statistique mortuaire du canton de Genève, 1858 ; » à ceux de Londres, publiés par le registral général, ainsi que ceux de l'Angleterre.

		Sur 10,000 habitants.		Sur 1,000 décès.	
Genève.....	1838-55	352	morts par tuberc.	165	morts par tuberc.
Angleterre .	1850-59	326	—	152	—
Id....	1858	325	—	141	—
Id....	1859	320	—	139	—
Londres....	1858	359	—	153	—
Id....	1859	362	—	161	—
Belgique...	1851-55	»	—	189,7	—

On voit donc que la mortalité par tuberculose à Genève est de 1 sur 6, un peu moindre par conséquent qu'à Paris ; il en est de même de l'Angleterre en général où elle est de 1 sur 6,58. Par contre en Belgique les décès par phthisie arrivent déjà à 1 sur 5 dans la période de 1851-1855.

Sur 1.000 décès on trouve par tuberculose.

	1858.	1859.
De 0 à 1 an...........	58,6	57,7
— 1 an..............	109,3	114,4
— 2 »...............	91,6	92,3
— 3 »...............	76,4	79,1
— 4 »...............	77 »	74,6
— 5 »...............	78,4	75,5
— 10 »...............	109,4	117 »
— 15 »...............	239,2	239,4
— 25 »...............	478,4	479,5
— 35 »...............	453,1	465,2
— 45 »...............	342 »	345,4
— 55 »...............	215,5	214,2
— 65 »...............	97,6	98,8
— 75 »...............	31,2	29 »
— 85 »...............	1,6	1,1
— 95 »...............	»	3,2

Au point de vue de l'âge, le registral général donne pour l'Angleterre les chiffres précédents.

On voit donc qu'aucun âge n'échappe à la tuberculose et que partout c'est de 20 à 35 ans qu'elle est la plus meurtrière ; à cette époque de la vie, elle entre presque pour moitié dans la statistique mortuaire.

Les tuberculeux meurent dans toutes les saisons ; mais à cet égard, il semble y avoir une loi à formuler ; elle découle du petit tableau suivant :

		Printemps.	Été.	Automne.	Hiver.
Genève.....	1840-47	881	701	663	809
Londres....	1833-55	20,000	19,628	18,161	19,381

On voit par là que contrairement au dicton populaire ce n'est pas à la chute des feuilles qu'il meurt le plus de phthisiques; au point de vue de la mortalité le printemps vient en première ligne ; après lui l'été, puis l'hiver et enfin l'automne.

Enfin, un point délicat et intéressant a été soulevé dans ces dernières années presque en même temps en Angleterre, par sir James Payet et, en France, par le professeur Verneuil, sur les rapports des diathèses avec les affections chirurgicales. On est d'accord pour admettre que de grandes opérations doivent rarement être tentées chez les phthisiques, parce qu'elles donnent un coup de « fouet » à la maladie. Toutefois on n'hésitera pas à opérer les petites affections telles que les fistules à l'anus, dont des malades souffrent si fréquemment et qui contribuent à les épuiser.

Il est vrai que certains chirurgiens ont prétendu qu'ils n'hésitaient jamais à amputer les membres, pour des tumeurs blanches par exemple, chez des gens qui avaient de la diarrhée, des sueurs et de la toux, et que après l'opération tous les symptômes thoraciques ont disparu; une seule chose semble certaine dans ces observations c'est que les malades n'étaient pas tuberculeux.

Telles sont les différentes actions que la tuberculose exerce sur l'espèce humaine. Si par l'hérédité et la contagion elle met obstacle à la sélection naturelle, elle en est bien plus l'auxiliaire le plus considérable par la mortalité excessive qu'elle entraîne, et parce que, suivant l'expression de Gueneau de Mussy, elle est un moyen d'élimination des races dégénérées. Elle est en effet souvent la dernière étape de scrofuleux, des alcooliques ; quelques médecins ont prétendu qu'il n'était pas rare de voir des enfants d'alcooliques et de cancéreux être tuberculeux. Cette complication de causes expliquera mieux que toutes les autres raisons l'impuissance presque totale jusque aujourd'hui des moyens employés pour restreindre le champ d'action de cette maladie si terrible et si répandue.

CHAPITRE IV.

DE L'INFLUENCE DU CANCER SUR L'ESPÈCE HUMAINE.

En abordant ce problème, on se trouve dans un certain embarras ; les anatomistes en effet et surtout depuis les progrès de l'histologie donnent du cancer les définitions les plus variées. Quant à nous, qui n'avons pas pour but ici de traiter un chapitre de pathologie, nous avons englobé sous ce nom toutes les affections que les anciens faisaient rentrer dans la diathèse cancéreuse (squirrhe, encéphaloïde, cancer mœlanique, colloïde, épithélial).

L'hérédité de ces maladies admise aujourd'hui par tous les médecins, avait été niée autrefois par Breschet, par Ferrus et beaucoup plus récemment par Piorry ; en ce moment on ne discute la fréquence de cette transmission, Ainsi Lebert l'a signalé 14 fois sur 102 ; Paget 25 sur 100.

Dans ces dernières années, des pathologistes ont avancé que les nombres relatifs à l'hérédité donnés, par les auteurs étaient insuffisants parce que, suivant eux, les cancéreux peuvent naître de parents arthritiques : le cancer serait à l'arthritisme ce que la tuberculose est à la scrofule. Cette opinion que nous n'avons pas la prétention de discuter est encore à l'état hypothétique ; un fait matériel semble plaider contre elle ; c'est que le cancer, les tubercules ne sont pas le moins du monde incompatibles.

La diathèse dont nous étudions en ce moment-ci l'action, se développe rarement avant l'âge de 29 ans. Son maximum de fréquence est de 40 à 60 ans; en effet de 45 à 65 ans elle entre pour moitié dans la mortalité générale. Elle est incontestablement beaucoup plus fréquente chez la femme que chez l'homme.

Ainsi sur une statistique de 349 cas, on cite 218 femmes et 131 hommes. A Genève, Marc d'Espine sur 66 cas a trouvé 43 femmes et 23 hommes; dans le même canton dans une statique plus générale, on trouve 571 femmes, 318 hommes sur 889 cancéreux.

Toutes les constitutions, toutes les conditions, toutes les professions sont égales devant le cancer. La diathèse est rare en Asie; sur 4,080 malades, soignés à l'hôpital de Calcutta, il n'y avait que 3 cancéreux. En Afrique, cette maladie n'est guère plus fréquente.

En Europe, on la rencontre beaucoup plus souvent

dans les villes qu'à la campagne ; cette différence paraît s'être accentuée dans ces dernières années.

Quant au siège de la maladie, on ne peut pas citer des chiffres bien précis ; néanmoins les cancers de certains organes, tels que le cerveau et le cœur, sont très rares ; par contre leur maximum de fréquence se rencontre dans l'estomac, au sein et à l'utérus. Dans ces deux derniers endroits, les médecins qui ont précédé notre génération n'ont pas toujours fait le diagnostic d'une façon précise. C'est là, comme nous le verrons, l'objection assez importante qui a été faite aux statistiques qui cherchent à démontrer l'augmentation progressive du nombre des cancéreux dans les villes ; les critiques prétendent que l'on trouve plus de cancers, parce qu'on les cherche davantage et qu'on sait mieux les connaître. Il y a certainement beaucoup de vrai dans cette assertion ; il faut en tenir compte, et, tout en le faisant, on s'est aperçu que le nombre des cancéreux croissait sans cesse dans les grandes villes.

Quant aux causes occasionnelles de la diathèse, il est de la plus grande difficulté de les établir ; en effet, si le cancer est beaucoup plus fréquent dans les villes que dans les campagnes, il faudrait chercher les causes de la maladie dans les différences qui existent entre les campagnards et les citadins au point de vue des conditions de logement, de nourriture. Or, si ces causes étiologiques étaient fondées, la diathèse devrait-être plus répandue chez les riches que chez les pauvres. Sous ce rapport, sans qu'il y ait une grande différence entre ces deux classes de citoyens, ce sont plutôt les familles fortunées qui l'emportent.

L'alcoolisme a été invoqué ; tout en admettant que la funeste influence de l'ivrognerie peut contribuer à l'apparition des diathèses chez les descendants de ceux qui se sont adonnés à cette passion, nous n'avons trouvé nulle part dans les auteurs la preuve que l'éthylisme provoque spécialement le développement du cancer.

Tout au plus pouvons-nous admettre sous ce rapport une différence, entre les villes et les campagnes. En effet, si dans les pays de vignobles les paysans boivent autant et même quelquefois plus que les ouvriers des grandes villes, ils présentent rarement les symptômes de l'intoxication aiguë par l'alcool, et preque jamais les signes de l'alcoolisme chronique : cela tient au caractère naturel des produits qu'ils absorbent. Mais comme dans les villes les familles riches ont le moyen de se payer du vin naturel et que cela ne les empêche pas de connaître le cancer, il faut évidemment en conclure que l'alcoolisme est bien peu de chose dans la production de cette diathèse.

Nous n'insisterons pas davantage sur ces causes étiologiques du cancer, et ce que nous allons en dire se rapporte à la production de toutes les diathèses. Nous croyons qu'en dehors de l'hérédité, deux causes obscurcissent les données étiologiques des maladies générales ; ce sont : 1° la tranformation des maladies l'une dans l'autre ; 2° l'influence du fonctionnement exagéré du système nerveux sur la déchéance physique des citadins.

Nous avons vu des fils de tuberculeux devenir cancéreux, des enfants de syphilitiques sont fréquemment scrofuleux et, si l'on n'admet pas avec le professeur Parrot que ce n'est qu'une manifestation de la syphilis héréditaire, on ne peut nier cependant que beaucoup de descendants de syphilitiques ne soient des rachitiques. Des faits aussi incontestables suffisent largement pour démontrer que, dans les familles en voie de dégénérescence, et à travers les générations, les diathèses se transforment ou, pour parler plus exactement, se remplacent l'une l'autre, étant des états différents d'une même cause, la dégénérescence des familles.

L'augmentation considérable du nombre des maladies diathésiques dans les grandes villes tient aussi à la différence de vie entre les citadins et les ruraux.

En effet, depuis qu'on a les chemins de fer et les autres moyens de communication rapide, tous les talents, toutes les capacités, tout ce qui s'élève au-dessus des médiocrités, fuit l'existence misérable et ennuyeuse des campagnes. Cette immigration systématique des hommes cérébralement bien doués élève constamment le niveau intellectuel des hommes de la ville et abaisse d'autant celui des campagnes ; en un mot, il se fait une véritable sélection de l'intelligence et de l'activité au profit des grands centres. Il en résulte, chez les habitants des villes, une activité cérébrale véritablement fébrile, un abus incessant du système nerveux, une excitation permanente du cerveau qui entretient ces organes dans un continuel état de tension. Or il n'est pas besoin d'être doué de connaissances physiologiques bien étendues pour comprendre que, quand un organe aussi important que le cerveau attire et épuise toutes les forces vives d'un individu, les autres organes, tels que l'estomac, les poumons, sont négligés et dégénèrent ; cette dégradation sera bien plus marquée dans les générations suivantes et, comme ses manifestations sont variées, il n'est pas étonnant d'y voir figurer des maladies diathésiques (tuberculose, cancer, etc.) qui, au premier abord, ne semblaient pas héréditaires. Dans les campagnes, au contraire, tout semble être donné au corps : la sélection intellectuelle ne s'y fait pas, ou plutôt s'y fait à rebours par le départ des hommes intelligents ; par contre, les repas s'y font régulièrement ; les digestions sont tranquilles ; les exercices corporels ne manquent pas; c'est à cette différence dans les conditions de la vie qu'il faut attribuer l'augmentation sans cesse croissante de la tuberculose, du cancer, de la scrofule dans les grandes villes. C'est aussi à la connaissance instinctive de cette vérité qu'il faut attribuer les tentatives faites aujourd'hui par les hommes d'Etat, pour faire entrer d'une manière efficace les exercices corporels dans l'éducation de la jeunesse. Ainsi que l'a dit Gueneau de Mussy, c'est à la médecine sociale qu'il appartient de porter remède à des maux aussi dangereux.

Il nous faut maintenant signaler la part qui revient au cancer dans la mortalité générale:

		Sur 10,000 habitants.	Sur 1,000 décès.
Genève	1838-55	110	53
Angleterre....	1850-59	32	14
Id	1858	33	14
Id	1859	34	15
Londres......	1849-53	41	1
Id........	1858-59	42	18
Belgique......	1851-55	42	15
Bavière	1850-54	42	26

Il ressort de là que la fréquence du cancer est loin d'atteindre les chiffres de la tuberculose. Un autre fait plus considérable découle de ce petit tableau, c'est que de 1849-59, la mortalité par cette diathèse est montée de 5,1 à 8,8 pour 1,000 individus du sexe masculin, et de 11 à 25 pour 1,000 personnes de l'autre sexe.

Il est vraiment regrettable que, dans les vieilles et bonnes statistiques de Trébuchet, ce médecin ait confondu les chiffres attribuables à cette diathèse avec ceux d'autres maladies chroniques. Cependant, en prenant la moyenne des grandes villes, nous pouvons estimer approximativement que vers les années 1840-50, la mortalité par cancer, à Paris, devait être de 20 pour 1,000 environ. Actuellement la moyenne est de 34 pour 1,000 décès, et le chiffre croît d'année en année ainsi que le prouvent les chiffres suivants de l'article Décès du docteur Bertillon.

Sur 1,000 décès on trouve pour le cancer :

1875.	1876.	1877.	1878.	1879.
32,7	39,2	40,1	41,1	40

Pour nous résumer, nous admettons que le cancer agit sur l'espèce humaine par hérédité dans le dixième des cas environ ; quant aux autres causes étiologiques ; elles sont scientifiquement inconnues aujourd'hui. Tout ce qui est certain, c'est que, comme les autres diathèses, le cancer est un mode d'élimination des races dégénérées; mais les services qu'il rend à la sélection naturelle n'a qu'une médiocre importance, et en raison du nombre relativement restreint des cancéreux, et en raison de leur âge avancé.

CHAPITRE V.

SYPHILIS ET RACHITISME.

La syphilis est une des maladies les plus curieuses à étudier, au point de vue de son action sur l'espèce humaine. Elle n'est pas moins intéressante à envisager au point de vue de son origine, qu'au point de vue de la gravité des circonstances qu'elle engendre si fréquemment.

Les opinions les plus diverses ont eu cours sur l'époque de son apparition sur le globe terrestre : pour les uns elle a existé de tout temps et les partisans de cette idée s'appuient sur des textes d'auteurs anciens qui ne semblent laisser aucun doute sur l'existence de la vérole à leur époque. Si, disent-ils, dans certains livres pieux, qui sont le résumé des opinions de leurs contemporains, il n'est pas question de la syphilis, c'est que la pudeur et le dégoût les ont empêchés d'en parler.

D'autres médecins font apparaître la vérole vers l'année 1495 : quelques'uns pensent que Christophe Colomb l'a rapportée d'Amérique. En ces dernières années, les Drs Broca et Thulié ont présenté à la Société d'anthropologie le crâne d'un indien de Pernambuco, beaucoup plus vieux que ne le comporterait l'opinion que nous venons de citer : ce crâne présentait tous les signes de la syphilis osseuse. Le professeur Parrot a présenté également des vieux crânes d'origine variée et manifestement atteints de lésions syphilitiques. Il est donc probable que la syphilis existe depuis bien plus longtemps qu'on ne le croit, et il est impossible d'assigner une date fixe à son apparition.

Avant d'entreprendre l'étude de ses procédés d'action sur l'espèce prise en général, il est utile de rappeler les lois immuables qui président à son développement et que le professeur Fournier, notre éminent maître, a formulées avec une netteté si grande.

1re *loi.* — La syphilis n'a pas de genèse spontanée. Elle résulte toujours d'une contagion, d'une inoculation, de la pénétration matérielle d'une substance virulente spéciale dans l'organisme.

2e *loi.* — Le premier phénomène appréciable qui résulte de cette contagion ne se manifeste jamais qu'après un laps de temps plus ou moins long, constituant une incubation.

3e *loi.* — Le premier phénomène appréciable qui résulte de la contagion ou de l'introduction artificielle de la matière virulente dans l'organisme, se manifeste toujours au lieu même où a pénétré cette matière, en ce lieu et non ailleurs.

4e *loi.* — L'accident primitif résultant « in situ » de la contagion reste toujours isolé, solitaire, pour un certain temps pendant lequel il constitue ou paraît constituer l'expression unique qui trahit la maladie.

5e *loi.* — Ce n'est qu'au bout de ce temps qu'à cet accident, d'apparence toute locale, succède une explosion d'autres symptômes multiples et variés, lesquels diffèrent de l'accident initial en ce qu'ils ne sont plus localisés comme lui au point même où s'est exercée la contagion, mais disséminés en tous points, étendus à tous les systèmes, susceptibles d'affecter tous les tissus et tous les organes.

Telles sont les lois qui régissent l'évolution de la syphilis acquise, elles ne se rapportent en rien à la syphilis congénitale ou héréditaire, qui diffère complètement de la première, et par son origine et par sa symptomatologie. Et d'abord certains syphiliographes ont décrit deux espèces de syphilis non acquises : 1° la syphilis héréditaire, celle que les parents syphilitiques transmettent à leurs descendants ; 2° la syphilis congénitale, celle que l'enfant prend dans le sein de sa mère, lorsque celle-ci devient syphilitique pendant la grossesse. Cette dernière forme, niée par quelques auteurs, est aujourd'hui incontestablement établie ; il est absolument démontré que l'enfant a d'autant plus de chance d'être contaminé, que l'invasion de la maladie remonte plus près du moment de la conception, et ce jusqu'au septième mois de la grossesse.

La vérole prise dans les deux mois qui précèdent l'accouchement ne se transmet pas d'habitude aux enfants.

Plusieurs points sont à établir au point de vue de la syphilis héréditaire, à savoir, quelle est l'influence du père, de la mère, des deux réunis quand ils sont tous les deux contaminés.

L'hérédité par le père a été longtemps contestée par les hommes les plus éminents, entre autres Cullerier et Notta, de Lisieux.

Le premier ne citait que deux observations, le second en citait douze. Parmi celles-ci se trouvait l'histoire de plusieurs hommes qui se sont mariés en pleine période d'accidents secondaires et dont les enfants naquirent parfaitement sains. M. Notta se porte garant de la vertu de leurs femmes. Les seuls cas où il ait constaté des accidents chez les enfants sont ceux où la mère en avait également. Sur ce dernier point, tout le monde est d'accord : presque toujours les femmes syphilitiques donnent naissance à des enfants syphilitiques ou bien très fréquemment elles avortent. Lorsque le père et la mère sont atteints tous les deux, il est rare que le fœtus échappe à l'infection, mais enfin il y a des observations qui ne laissent aucun doute et qui démontrent que la contamination ne se produit pas facilement dans ce cas.

Il est pronfondément regrettable que des statistiques ne permettent pas d'établir d'une façon même approximative la fréquence relative des avortements, des infections, et des accouchements normaux d'enfants sains, dans les différentes conditions qui peuvent se présenter (père syphilitique, mère syphilitique, père et mère syphilitiques).

Dans les cas où les enfants ne sont pas sains, cinq cas peuvent se rencontrer. 1° Des enfants nés à terme, bien développés, présentant toutes les apparences d'une bonne santé, sont atteints quelques jours, quelques semaines, quelques mois après leur naissance d'accidents syphilitiques bien caractérisés.

Ces lésions, qui sont d'habitude cutanées, guérissent d'ordinaire avec une grande rapidité sous l'influence du traitement mercuriel méthodiquement ordonné, 2° dès les premiers jours de leur naissance, les petits enfants présentent dans les fosses nasales, autour de l'anus, dans la bouche, des ulcérations grisâtres qui ne laissent aucun doute sur leur nature. Ces cas sont beaucoup plus sérieux que ceux de la première catégorie ; cependant par un traitement longtemps continué, mélangé à l'alimentation par du bon lait, les enfants finissent souvent par guérir et peuvent devenir des hommes robustes, 3° On voit naître des produits maigres, chétifs, ayant les traits tirés et tout l'aspect de petits vieillards plus que précoces ; ils crient continuellement, refusent de prendre le sein. Dès les premiers jours ils ont une diarrhée verdâtre, souvent du pemphigus sur toute la surface de leur corps; en un mot, il est facile de voir qu'ils sont voués à une mort rapide et certaine: leur existence se prolonge rarement au delà de huit jours. Il est néanmoins du devoir du médecin de leur faire appliquer un traitement énergique, parce qu'en fait de syphilis les plus compromis ne doivent pas être considérés comme irrémédiablement perdus. 4° Il faut ranger dans une catégorie à part les femmes qui accouchent un mois ou un mois et demi avant terme, et dont les enfants morts sont plus ou moins macérés; parfois même leurs viscères présentent des lésions manifestement syphilitiques. 5° Les femmes avortent, d'ordinaire, vers le 5e ou 6e mois de la grossesse. Ces avortements ne produisent ni arrêt ni coup de fouet dans les manifestations spécifiques de la mère. Comme c'est celle-ci qui, enfin de compte, joue le plus grand rôle dans la production de la syphilis héréditaire, il convient d'examiner quelles sont les différentes modalités suivant lesquelles elle peut l'engendrer: 1° une femme enceinte prend la vérole; l'enfant a beaucoup de chances d'être infecté, si l'accident primitif s'est produit avant le 7e mois; 2° une femme syphilitique devient enceinte: l'enfant a beaucoup de chances d'être contaminé et la situation est moins grave que dans le premier cas; elle dépend de plus de la période à laquelle en est la maladie de sa mère; 3° le fait de beaucoup le plus fréquent est de voir une jeune fille saine, bien portante, se marier avec un homme syphilitique; elle fait des enfants syphilitiques : dans ce cas, elle peut être ou n'être pas infectée. Certains auteurs admettent que sans avoir pris la vérole de son mari, elle peut en être atteinte grâce aux échanges incessants qui se font entre elle et le fœtus. Cette hypothèse qui n'a pas encore été appuyée par des faits incontestables, est absolument en contradiction avec les lois d'évolution de la syphilis. Il faudrait admettre que l'enfant donne à sa mère la maladie, telle qu'il l'a reçue du père ; elle présenterait dans ce cas des syphilides cutanées et muqueuses, sans avoir eu de chancre. Nous attendons des démonstrations presque mathématiques pour croire à la vérité de cette assertion.

Nous avons vu déjà que l'âge de la maladie n'était pas sans influence sur la gravité des lésions du fœtus ; nous ajouterons un fait connu de tout le monde, que plus la vérole est vieille, moins elle a de chance pour se transmettre aux descendants; un autre facteur interviendrait encore au dire des syphiliographes modernes : c'est la durée et la persistance du traitement. A l'appui de leur opinion, généralement admise, ils citent bon nombre d'observations de gens qui ont eu des enfants sains à partir du jour où ils ont soigné leur affection.

A quel moment un homme syphilitique peut-il se marier sans crainte de souiller sa femme et les produits de la conception ? Ces questions sont traitées tout au long par le professeur Fournier, dans son magnifique livre « *Syphilis et mariage.* »

Il dit que le médecin ne doit autoriser un homme

atteint à se marier qu'au bout de plusieurs années de traitement, et alors qu'il n'aura plus vu le moindre accident depuis deux ans. Sans doute il en est de même de la femme; mais à ce sujet nous pensons que le médecin n'aura pas souvent d'avis à donner.

Telles sont les influences que la syphilis exerce sur l'espèce humaine dans les différentes conditions de la vie. Il nous reste maintenant à jeter un coup d'œil sur son influence sur la mortalité, mais on aura soin de trouver les chiffres que nous citerons beaucoup trop faibles, parce qu'ils ne tiennent aucun compte des nombreux avortements que la syphilis occasionne.

		Sur 10,000 habitants.	Sur 1,000 décès.
Genève......	1838-55	2,5	1,13
Angleterre...	1850-53	3,4	1,44
Id	1858	5,2	2,23
Id	1859	5,6	2,47
Londres.....	1850-53	5,2	2,14
Id......	1858	9,8	4,15
Id......	1859	9,9	4,78
Belgique	1851-55	»	0,08

Il ressort de là que dans les grandes villes, comme Londres, la mortalité par syphilis augmente comme par toutes les autres diathèses, qu'elle est au contraire beaucoup moins forte dans les petits pays, comme la Belgique et le canton de Genève. Nous n'avons trouvé aucun chiffre relatif à Paris.

Si nous prenons maintenant la mortalité par syphilis en Angleterre dans l'année 1859, nous avons des documents qui nous permettent de déterminer sa distribution par âges.

1859. — Angleterre.

Age. — Sur 1,000 décès par syphilis.

0	1	2	3	4	5	10	15	25	35	45	55	65	75
71,4	42,2	8,2	0,91	0,91	2,7	0,91	43,1	82,6	53,2	26,6	1,47	6,4	09,1

Comme on le voit, les 7/10 meurent de la syphilis héréditaire dans la première année de leur naissance; puis le maximum est atteint entre 20 et 35 ans.

Et quoiqu'on ait dit que la syphilis est bien dangereuse pour les vieillards, elle ne les tue pas cependant, ou bien la mortalité par syphilis est tout à fait minime à un âge avancé.

Le professeur Parrot a posé dans ces derniers temps une question d'une portée véritablement philosophique. Déjà en 1872, par des communications à la Société anatomique et à la Société de biologie, il avait cherché à démontrer qu'il existe chez les sujets atteints de syphilis héréditaire des lésions osseuses presque analogues à celles du rachitisme, et il en avait conclu que la syphilis était une des causes étiologiques les plus certaines du rachitisme. L'année dernière, il entreprit à l'hôpital des Enfants-Assistés une série de conférences, dont la première, au grand étonnement des auditeurs, commençait par ces mots : « Le rachitisme est la dernière étape de la syphilis heréditaire. »

Ces leçons sont en cours de publication au *Progrès médical*; malgré les convictions entraînantes du savant médecin, il semble que sa théorie absolue n'a pas encore fait beaucoup de prosélytes. On admet encore que les lésions qu'il a montrées sur des crânes syphilitiques, diffèrent légèrement des altérations anatomiques du rachitisme, et que cette dernière diathèse est une maladie d'évolution, dont les causes sont multiples comme celles de toutes les maladies générales. Toutefois on admet comme principale origine une alimentation défectueuse.

Au surplus le rachitisme n'entraîne pas souvent la mort ; et cette terminaison est due aux affections thoraciques dont la gravité est exagérée par les déformations rachitiques du thorax. Cette diathèse n'est pas inscrite parmi les grandes causes de mortalité dans les travaux statistiques. Seule une statistique belge a fait mention et compté 7 cas de mort par rachitisme, sur 1,000 cas de décès.

En résumé, la syphilis est une maladie générale qu'il est bon de connaître dans tous ses détails, moins en raison de la mortalité qu'elle amène, qu'en raison de son extension considérable dans les grandes villes, extension telle qu'il est peu de familles dont un ou plusieurs membres ne soient contaminés. L'intérêt de cette étude augmente encore quand on arrive en présence de la syphilis héréditaire : là se posent les questions les plus variées, et au point de vue théorique et au point de vue de la responsabilité médicale; aucune règle absolue ne peut être posée et le praticien devra toujours chercher à concilier l'intérêt des gens qu'il soigne avec le respect du secret professionnel.

Quant aux remèdes à employer pour diminuer l'extension de cette maladie générale, nous ne pouvons entrer dans leur étude, car les questions de réglementation de la prostitution dans les grandes villes, la surveillance des mœurs sont des questions qui regardent moins le médecin que les administrateurs.

CHAPITRE VI.

ALCOOLISME ET FOLIE.

Le mot alcoolisme a été employé pour la première fois par Magnus Huss pour désigner l'ensemble des altérations et des accidents produits par l'usage immodéré des boissons alcooliques ; cette intoxication entre pour un tiers dans les causes étiologiques des différentes espèces d'aliénations mentale. Comme le dit un professeur de physiologie de Madrid, « l'intoxication alcoolique exerce sur la santé des populations, surtout dans les pays septentrionaux où l'on ne boit pas de vin, mais beaucoup d'eau-de-vie, des ravages qui tendent à s'accroître de jour en jour et sur lesquels on ne saurait trop appeler l'attention. On s'est assuré, dit Cruveilhier, qu'à Londres, les quatre principaux débitants d'eau-de-vie de grains recevaient tous les ans en moyenne 145,000 hommes, 11,000 femmes et 20,000 enfants ou adolescents, et que l'abus des liqueurs fortes faisait chaque année 50,000 victimes en Angleterre.

En Allemagne plus de 45,000 individus meurent chaque année de l'affreuse maladie de l'alcoolisme, et dans le Zollverein allemand, on consomme annuellement 360 millions de quarts d'eau-de-vie, c'est-à-dire 10 litres par individu en moyenne. M. de Tourquénef porte à plus de 100,000 par an, le nombre des victimes de l'alcool en Russie, et l'abus qu'on en fait en Suède a pris une extension telle depuis cinquante ans, que les hommes dévoués à la cause de la civilisation ont jeté le cri d'alarme et fait un énergique et suprême appel à toutes les forces du pays. Ce qu'il y a de triste et de douloureux dans les effets de l'intoxication alcoolique, c'est qu'elle ne se borne pas à frapper les individus, mais atteint la race. A la première génération apparaissent, ainsi que l'a constaté le Dr Morel, l'immoralité, la dépravation, les excès alcooliques et l'abrutissement moral ; à la deuxième génération, l'ivrognerie héréditaire, les accès maniaques et les paralysies générales ; à la troisième, les tendances homicides ; à la quatrième enfin, la dégénérescence est complète : l'enfant naît imbécile ou idiot, ou le devient à l'adolescence. »

A côté de ces assertions peut-être exagérées du professeur espagnol, voici d'autre part les chiffres exacts donnés par quelques auteurs sur la progression de l'alcoolisme. De 1826 à 1835, on reçut à Charenton 1,557 aliénés, dont 234 alcooliques. Morel a calculé qu'à cette époque, sur 1,000 aliénés, il y en avait 200 chez lesquels la folie était due à l'abus des spiritueux.

En 1853, dit Marcé, sur 32,876 aliénés traités dans les asiles et à domicile dans toute la France, il y avait 1,502 malades dont l'alcoolisme avait amené la folie.

A Bicêtre, Marcé a pu trouver le tableau suivant, qui indique d'une façon assez nette l'augmentation rapide et progressive du nombre des victimes de l'alcool.

En 1856, il	est entré	91 alcooliques	sur	658 malades,	soit :	3,62 p. 100
— 1857	—	103	—	679	—	14,94 —
— 1858	—	162	—	806	=	20,09 —
— 1859	—	173	—	889	—	19,46 —
— 1860	—	186	—	841	—	22,10 —
— 1861	—	200	—	877	—	22,80 —

Un premier fait qui frappe au plus haut point, c'est que les cas d'alcoolisme grave sont beaucoup plus fréquents dans les grands centres que dans les campagnes. En recherchant les causes de cette différence on ne tarde pas à s'apercevoir qu'elles sont multiples. Dans les villes le système nerveux est bien plus impressionnable en raison de l'activité cérébrale des habitants, et par conséquent il est bien plus facilement altéré par le poison dont nous étudions les effets. De plus dans les grands centres les ouvriers sont toujours enfermés et ne font pas d'habitude de travaux manuels bien fatigants. Enfin les citadins boivent, comme boissons alcooliques, du vin frelaté, de l'eau-de-vie de pommes de terre, de l'absinthe et autres produits analogues. Les paysans au contraire travaillent constamment à l'air libre, font des dépenses musculaires assez sérieuses; leur cerveau ne se fatigue pas beaucoup ; s'ils frelatent parfois le vin qu'ils vendent à leur prochain, ils ont toujours soin de garder du vin naturel pour leur usage particulier : ils ne connaissent pas les boissons alcooliques artificielles. Telles sont suivant nous les raisons qui amènent l'immunité relative dont jouissent les buveurs de la campagne ; aussi faut-il admettre que les accidents graves produits par l'alcoolisme sont surtout dus à l'usage des boissons falsifiées et qui n'ont rien de commun avec le jus de la vigne.

D'autres conditions viennent s'ajouter à l'étiologie de l'alcoolisme ; la classe pauvre y est bien plus sujette que la classe aisée en raison de ses privations, des travaux excessifs et des conditions morales souvent déplorables dans lesquelles se trouve la classe ouvrière ; au contraire l'alimentation fortifiante des gens riches diminue les effets de l'éthylisme.

Toutes les espèces de folie peuvent être la conséquence de l'alcoolisme chronique : les formes les plus fréquentes sont : la manie, la lypémanie, l'imbécillité et la démence. Voici d'ailleurs une petite statistique tirée de la thèse de M. Mottet, qui établit la fréquence relative des différentes variétés :

Ivrognerie proprement dite.

Manie.		Monomanie.		Lypémanie.		Stupidité.		Démence.		Démence paralytique.		Total.
H.	F.	H.	F.	H.	F.	H.	F.	H.	F.	H.	F.	
20	5	7	3	14	1	2	»	5	3	13	1	74

Eau-de-vie.

H.	F.	H.	F.	H.	F.	H.	F.	H.	F.	H.	F.	
12	2	7	6	1	»	6	»	6	»	6	1	47

Comme on le voit, les femmes sont beaucoup moins souvent atteintes que les hommes. Sur 139 cas, Magnus Huss signale 123 hommes et 16 femmes, et sur 170 cas de delirium tremens 7 femmes seulement. A Copenhague sur 456 alcooliques, il n'y avait que 10 femmes.

Le nombre des gens qui deviennent aliénés sous l'influence de l'alcool dépend également de l'âge ; dans la statistique de Huss qui porte sur 139 cas, il y en a 14 de 23 à 29 ans, 44 de 30 à 39 ans, 57 de 40 à 49 ans, 23 de 50 à 57 ans et 1 cas de 65 ans.

Tous les pathologistes reconnaissent que l'ivrognerie donne lieu héréditairement au développement de l'aliénation mentale; mais, ainsi que le fait remarquer Esquirol, elle est souvent un effet et non une cause de folie. « Si l'abus des liqueurs alcooliques, dit-il, est un effet de l'abrutissement de l'esprit, des vices de l'éducation, des mauvais exemples, il y a quelquefois un entrainement maladif qui porte certains individus à abuser des boissons fermentées. » Cette tendance à boire porte le nom de *dipsomanie* ; sur 200 alcooliques observés par Moreau de Tours, 35 étaient atteints de cette passion. Les maladies les plus variées peuvent l'engendrer ; sur les 35 cas de Moreau, 10 ont éprouvé la dipsomanie dans le cours de la paralysie générale ; 3 fois d'affection cardiaque, 6 fois d'hypocondrie, 4 fois d'hystérie.

Outre ces cas de folie chronique qui se développent dans le cours de l'alcoolisme chronique, il y a d'autres troubles cérébraux qui paraissent chez les ivrognes dans le cours des affections chirurgicales; dans ce dernier cas ils présentent une gravité extrême sous le nom de *delirium tremens* et se terminent le plus habituellement par la mort, alors même que les lésions (fractures ou autres) sont de médiocre importance.

Telle est l'influence de l'alcoolisme sur le développement de la folie; nous allons envisager maintenant l'influence de cette dernière sur l'espèce humaine en général.

Les différentes espèces d'aliénation mentale agissent par hérédité d'abord, par la mortalité qu'elles peuvent amener et surtout par leur augmentation rapide et indiscutable.

« Tantôt, dit Moreau, l'hérédité sera complète, c'est-à-dire que les descendants offriront les mêmes désordres intellectuels que leurs auteurs; et, dans ce cas, chez les uns comme chez les autres, il y aura délire, folie, dans l'acception ordinaire du mot; le délire sera reproduit dans ses caractères les plus saillants; on le verra faire explosion à la même époque de la vie et suivre la même marche. Tantôt l'hérédité sera incomplète, c'est-à-dire que les anomalies de l'esprit seront plus ou moins nettement accusées; elles le seront assez nettement cependant pour qu'on ne puisse méconnaître leur origine, leur filiation avec d'autres anomalies plus prononcées et plus évidentes; et quelle que soit l'idée qu'on s'en fasse, quelque détermination qu'on leur donne, qu'on les appelle bizarreries ou excentricités, on n'en changera pas la nature : ce sera toujours ou délire, ou l'expression symptomatologique d'une lésion de l'organe intellectuel d'intensité différente, mais de nature semblable dans tous les cas. »

En résumé, trois choses pourront survenir dans le cas de prédisposition héréditaire aux désordres de l'esprit: 1° ou bien les facultés mentales ne présenteront aucune espèce d'altérations; 2° ou bien elles seront manifestement altérées; 3° ou bien enfin elles se trouveront dans des conditions telles que, sans qu'on puisse y saisir de lésion bien tranchée et nettement définie, on reste néanmoins intimement convaincu qu'elles ont subi plus ou moins profondément l'influence héréditaire.

Quant aux chiffres pouvant donner une idée de la fréquence de cette hérédité, nous les avons extraits du livre de Marcé (Traité pratique des maladies mentales) : Esquirol a trouvé 140 fois l'hérédité sur 265 malades, soit environ dans la moitié des cas; Parchappe l'estime à 15 pour 100; et Guislain l'a rencontrée 56 fois sur 224. Sur 56 malades atteintes de folies puerpérales, Marcé en a rencontré 24 offrant, soit chez leurs ascendants directs, soit chez leurs collatéraux, des cas de folie confirmée.

Si l'on ajoute à cela que la folie n'est pas la seule maladie capable d'engendrer héréditairement la folie, mais qu'il faut y ajouter l'alcoolisme, l'hystérie, quelquefois les mariages consanguins, la disproportion d'âge entre le père et la mère, on finira par se convaincre que l'aliénation mentale est héréditaire dans presque la moitié des cas.

On a bien rangé parmi les causes héréditaires la scrofule et le rachitisme, mais c'est là une exagération qui ne se tient pas devant les faits.

Quant à l'augmentation rapide du nombre des aliénés dans tous les pays de l'Europe, nous allons l'étudier dans le magnifique ouvrage que vient de publier le professeur Jacoby. Voici d'abord le tableau qui indique la progression de la maladie en France :

Années.	Aliénés des deux sexes.	Années.	Aliénés des deux sexes.
1835........	10,539	1853........	23,795
1836........	11,091	1854........	24,524
1837........	11,429	1855........	24,896
1838........	11,982	1856........	25,48
1839........	12,577	1857........	26,305
1840........	13,283	1858........	27,028
1841........	13,887	1859........	27,878
1842........	15,289	1860........	28,761
1843........	15,786	1861........	30,374
1844........	16,255	1862........	31,668
1845........	17,089	1863........	32,927
1846........	18,013	1864........	33,976
1847........	19,023	1865........	34,797
1848........	19,570	1866........	35,540
1849........	20,239	1867........	36,465
1850........	20,061	1868........	37,556
1851........	21,353	1869........	38,545
1852........	22,495		

Si l'on ajoute à ces chiffres les nombres des aliénés traités à domicile, on trouve que le nombre total qui était de 17,566, en 1836, est monté, en 1869, à 93,252 ; et comme la population dans la même période est montée de 33,540,910 à 38,407,439, il en résulte que l'accroissement du nombre des aliénés est 47 fois plus rapide en France que celui de la population. Cette augmentation rapide de la folie se retrouve dans tous les pays civilisés et dans des proportions non moins considérables.

Nous allons en juger par les statistiques suivantes :

Angleterre et pays de Galles.

Années.	Nombre des aliénés internés.
1858	22,184
1868	32,605

Écosse.

1858	3,990
1868	5,427

Irlande.

1864	8,272
1865	8,845

Aujourd'hui tous les aliénistes sont à peu près d'accord pour admettre que cette fâcheuse augmentation de l'aliénation mentale est réelle et les derniers travaux sur ce sujet ne permettent pas d'avoir le moindre doute.

Cette remarque était nécessaire parce que, il y a peu d'années, d'éminents aliénistes ont prétendu que l'accroissement effrayant des chiffres que nous venons de citer était l'effet des améliorations réalisées par l'administration de l'Assistance publique, et qu'alors les familles envoyaient avec beaucoup plus de confiance les aliénés dans les hospices. Cette objection tombe d'elle-même devant ce fait brutal, c'est que le nombre des malades soignés dans les hôpitaux a augmenté de 30 pour 100, de 1836 à 1851, tandis que celui des aliénés dans les asiles s'est élevé de 92 pour 100 dans le même laps de temps, c'est-à-dire plus du triple. La question est donc résolue, à moins d'admettre que la pathologie mentale a fait des progrès tels que la confiance du public aux asiles d'aliénés a augmenté trois fois plus vite que sa confiance dans les hôpitaux ; inutile d'insister plus longtemps sur ce point. Cette colossale augmentation est surtout remarquable dans les grandes villes comme Paris et Londres ; elle est bien moindre dans les petites villes et dans les villages ; elle est presque inconnue chez les peuplades sauvages.

D'après Desgenettes, il n'y avait que 14 fous dans l'hôpital du Caire. Moreau en a rencontré très peu en Orient, un seul dans la Nubie. Aubert qui a traversé l'Abyssinie dans tous les sens n'y a observé que deux idiots. Le docteur Williams, qui a demeuré pendant 12 ans en Chine, déclare qne la folie y est exceptionnelle. De Humbold n'a jamais rencontré d'aliénés parmi les Indiens d'Amérique.

Par contre, Renaudin, qui a étudié la statistique de la Meurthe, y compte 1 aliéné sur 1,438 habitants ; mais dans la ville de Nancy, qui passe à juste titre pour une des cités les plus intelligentes de la France, il a trouvé un aliéné pour 500 habitants, c'est-à-dire une proportion triple de celle du département. Si l'on compare ces différents renseignements entre eux, il ne saurait être douteux un seul instant que la civilisation exerce une déplorable influence sur la production de l'aliénation mentale.

Or que faut-il entendre par civilisation ? Suivant l'exemple de Jacoby, nous ne mesurons pas le degré de civilisation d'un pays par le niveau de l'instruction primaire. Les Athéniens ne savaient certes pas tous lire et écrire ; la grande masse du peuple grec était complètement dépourvue d'instruction, et cependant jamais on ne vit, même dans les temps modernes, on ne vit nation plus passionnée pour l'art et pour les lettres, plus vouée au culte du vrai, du bien et du beau.

« Les ouvriers de Paris, dit Jacoby, n'ont généralement pas reçu beaucoup d'instruction, et cependant nous les voyons se passionner pour les grandes idées humanitaires, pour les grandes conceptions philosophique ; ils ont fait les journées de Juillet au nom de la liberté de la pensée, celles de Février au nom du suffrage universel, du principe républicain, et jusque dans la chaleur du combat et dans l'enivrement de la victoire ils ne se sont pas laissés entraîner ni par le désir de la vengeance, ni par l'appât du lucre, et ont soigneusement préservé de la destruction les œuvres d'art dans les palais conquis. En protestant contre la guerre avec la Prusse, et cela au nom de l'humanité, de la fraternité des peuples, idées un peu vagues, qui font sourire les sceptiques, mais pour lesquelles on est heureux de voir se passionner les masses ; en adressant aux ouvriers allemands un manifeste de solidarité fraternelle, ils se sont montrés évidemment plus civilisés, dans le sens large et élevé du mot, que les bourgeois allemands qui, tout en étant plus instruits certainement, font cependant venir de Paris tous les modèles de fabrication, qui applaudissaient au bombardement de Strasbourg et demandaient à grands cris le bombardement de Paris. »

En Suisse au contraire l'instruction primaire est obligatoire, et cependant la masse du peuple est inintelligente et indifférente aux idées philosophiques élevées.

Nous avons déjà parlé dans un autre chapitre de la sélection de l'intelligence et de l'activité qui se fait au détriment des campagnes et des petites villes et en faveur des grands centres de population. Mais le cerveau de l'homme ne peut pas dépasser une certaine activité sans finir par succomber. La plupart du temps cette fatigue des grands hommes, des esprits surmenés ne se fait sentir qu'à la deuxième ou à la troisième génération, se traduisant chez les uns par des maladies nerveuses, chez les autres par la tendance au crime, chez d'autres enfin par l'aliénation mentale.

C'est de cette façon qu'il faut concevoir l'accroissement rapide de la folie dans les grandes villes.

Quant à la mortalité produite par la folie, il n'existe pas de statistique générale à cet égard ; d'après Marcé, c'est à peine si sur 10 aliénés gravement atteints, il en meurt 2, et si l'on met en balance cette mortalité relativement faible avec l'énorme chiffre des aliénés, on est effrayé de la pernicieuse influence de la folie sur la sélection naturelle.

A cette différence, entre les villes et les campagnes, il faut en ajouter une autre bien plus grave, parce qu'elle est la plus haute expression de la décadence de la race, c'est la stérilité. Sans doute les naissances dans les villes dépassent celles des campagnes ; mais les enfants qui fournissent cet excédant, étant des bâtards, meurent en grand nombre dans les premières années de leur naissance. Ainsi sur 100 enfants de 0 à 5 ans il meurt en France 29,65 ; dans le département de la Seine 51,3, c'est-à-dire plus de la moitié. Si on ne prenait en considération que les décès et les naissances, il y en aurait beaucoup moins dans les campagnes que dans les villes, et cependant la fécondité réelle des grands centres est bien inférieure, comme nous allons le démontrer.

Sur 100 nouveau-nés, il meurt avant l'âge de 5 :

		Dans les villes.	Dans les campagnes.
France.........	1853-54	35,19	28,56
Pays-Bas.......	1850-54	36,25	28,90
Suède..........	1851-55	38,86	24,50
Danemark.......	1850-54	29,66	22,68
Saxe royale....	1846-49	39,88	36,22
Hanovre........	1854-55	28,70	26,47
Prusse.........	1849	36,02	29,47

Si l'on examine maintenant la mortalité des enfants en bas âge, en comparant celle de la France avec celle du département de la Seine (Paris), on voit que de 0 à 5 ans il en meurt 29 pour 100 dans le pays tout entier et 51 pour 100 dans la capitale et ses environs. En continuant cette comparaison, M. Lagneau (*Etude de statistique anthropologique sur la population parisienne*) est au arrivé tableau suivant, qui donne la mortalité comparée de la France et du département de la Seine aux différents âges de la vie.

Age, années.	France.	Département de la Seine.
0-05	29,65	51,93
5-10	5,90	4,55
10-15	3,45	2,45
15-20	4,40	5,45
20-30	10,80	17,30
30-40	10,50	18,20
40-50	13,40	21,60
50-60	20,70	30,60

Cette différence entre les villes et les campagnes n'est pas moins remarquable dans les autres pays. Ainsi Stork a comparé la mortalité des villes et des campagnes en Écosse, et il a trouvé que sur 100 habitants il y a dans les villes principales 2,825 décès par an, dans les grandes villes 2,457, dans les petites 2,124, et dans les campagnes 1,695.

Malgré cette grande mortalité, la population des villes augmente considérablement et celle des campagnes diminue : ainsi de 1851 à 1856 la population des villes de France a augmenté de 2,42 pour 100, celle des campagnes a diminué de 0,18 pour 100. En un mot, la statistique démontre que les campagnes s'épuisent, comme le dit Jacoby, à nourrir le Minotaure de la civilisation. Il résulte de cette étude, malgré les assertations contraires de quelques éminents pathologistes, que le nombre des aliénés augmente avec les progrès de la civilisation, et qu'il est quatre fois plus considérable aujourd'hui qu'il ne l'était il y a quarante ans.

Il faut conclure aussi de ce chapitre que, dans les grandes villes, l'alcoolisme joue un rôle prépondérant dans cette énorme progression ; ce poison, en effet, agit plus facilement sur les cervaux actifs des citadins, et agit avec d'autant plus de facilité que le paysan boit du vin naturel, du cognac et autres eaux-de-vie du même genre, tandis que, dans le plus grand nombre des cas, les habitants de la ville n'absorbent que des boissons frelatées.

CHAPITRE VII.

EXISTE-IL UNE SÉLECTION NATURELLE DANS L'ESPÈCE HUMAINE ?

Le professeur Hœckel, dont les opinions philosophiques sont basées sur les connaissances scientifiques les plus vastes, a émis, dans son Traité de la création naturelle, des idées sur la sélection dans l'espèce humaine qui sont admises par tous les hommes de science partisans de la théorie de Darwin.

Deux grandes causes, dit-il, retardent et empêchent même le développement régulier de l'espèce humaine : ce sont les sélections médicales et militaires. Chaque année on choisit chez les peuples civilisés les hommes les plus vigoureux de la nation, en éliminant avec soin tous ceux qui sont malingres ou estropiés. Les premiers sont envoyés à la guerre, et c'est ainsi que pour des raisons qui n'ont rien de commun avec l'intérêt des peuples en présence, mais le plus souvent pour rehausser l'éclat des dynasties défaillantes, on oblige ces jeunes hommes à s'entr'égorger. Pendant ce temps les rachitiques, les boiteux, tous ceux en un mot qui sont impropres au service militaire, restent dans leur foyers et se reproduisent à volonté. C'est ainsi que la sélection militaire contribue puissamment à la dégénérescence des races.

D'autre part les progrès de la médecine contemporaine, qui ne permettent pas de guérir les maladies chroniques ou diathésiques, telles que le cancer, la tuberculose, ont amené pour résultat la possibilité de traîner ces affections en longueur, et par conséquent de donner à ceux qui en sont atteints plus de chance de se reproduire et d'engendrer des produits absolument dégénérés.

Heureusement, dit le savant zoologiste, la sélection militaire tend de plus en plus à disparaître sous l'influence ennoblissante de la sélection naturelle, et dans peu de temps ce ne sera plus la nation qui aura les engins de guerre les plus perfectionnés, qui remportera la victoire, mais celle dont le niveau intellectuel sera le plus élevé. En un mot, Hœckel admet que la sélection de l'intelligence est la sélection naturelle de l'espèce humaine.

Toute contraire est l'opinion du Dr Jacoby. Dans un livre très récent et très remarquable, ce médecin philosophe cherche à démontrer que les descendants des hommes qui ont illustré leur pays sont des produits dégénérés. Se basant sur toutes les statistiques qui ont été publiées en Europe dans le cours de notre siècle, il démontre péremptoirement que dans les grandes villes, qui sont le refuge de ce que les nations possèdent de plus élevé au point de vue intellectuel, le nombre des aliénés augmente dans une proportion effrayante; que là aussi la scrofule, la tuberculose, le rachitisme, la syphilis présentent un constant accroissement; et ajoutant enfin, avec des arguments sérieux à l'appui de sa thèse, que les familles intelligentes qui affluent vers les grands centres finissent tôt ou tard par s'éteindre complètement, il conclut que la sélection de l'intelligence est la plus détestable et la plus artificielle de toutes les sélections, et qu'elle conduit à la dégénérescence et à la destruction.

Pour Hœckel, l'avenir est aux hommes intelligents; pour Jacoby, l'avenir est aux médiocrités.

Pour nous, qui n'avons pas l'ambition d'envisager ces questions transcendantes, nous ne prendrons part ni pour l'un ni pour l'autre. Nous nous contenterons de tirer de notre modeste travail les conclusions médicales, *positives*, qui doivent en découler. Nous nous permettrons toutefois de faire observer que les deux philosophes n'ont réellement jugé de l'avenir de l'espèce humaine que par l'état des cervaux. Tout le reste a été un peu négligé; ils oubliaient ce vieil adage toujours vrai : « *Mens sana in corpore sano* », comme s'il était indifférent pour l'avenir des hommes que les bras soient vigoureux, et qu'à côté de ceux qui pensent, il y en ait d'autres qui cultivent la terre.

Il ressort des statistiques si nombreuses et si intéressantes qu'à part la scrofule, les causes les plus importantes de mortalité ont augmenté et augmentent journellement dans les villes, surtout dans les grands centres de population. Nous avons étudié également l'action des diathèses sur l'espèce humaine au point de vue de l'influence qu'elles exercent, quand elles n'ont pas un dénouement fatal.

Nous concluons que la tuberculose pulmonaire est contagieuse, mais que la contagion ne s'exerce que dans certaines conditions données, sur lesquelles nous avons assez longuement insisté ; nous avons admis avec Cotton qu'elle est héréditaire dans 1/3 des cas. Enfin, par des chiffres indiscutables, nous avons prouvé que dans les grandes villes le nombre des tuberculeux a doublé depuis le commencement du siècle, et, qu'à elle seule, la tuberculose entre pour 1/5 dans la mortalité générale.

Le cancer, dont les relations avec l'arthritisme ne son nullement démontrées scientifiquement, devient également beaucoup plus fréquent dans les grandes villes de l'Europe ; cependant son action est assez limitée. Ainsi vers 1840 on en comptait à peu près à Paris 20 cas sur 1,000 décès, ce chiffre est monté, aujourd'hui à 40. Dans 1/8 des cas, le cancer est héréditaire.

La syphilis, qui exerce une si grande influence sur

la santé générale, n'entre que pour une quantité minime dans la statistique mortuaire.

Les cas de mort qu'elle amène sont presque tous attribuables à la syphilis héréditaire, L'état actuel de la science ne permet pas de juger la théorie émise par M. Parrot, par laqnelle il soutient que le rachitisme est la dernière étape de la syphilis héréditaire. Cette opinion se rattache à la question de la transformation des diathèses l'une dans l'autre ; cette transformation ne nous semble pas douteuse un seul instant, au moins pour quelques-unes d'entre elles. Il nous parait que la scrofule, la tuberculose, le cancer ne sont que des degrés différents de la dégénérescence des familles et des races.

Mais la démonstration la plus effrayante qui résulte de notre travail inaugural, c'est celle qui établit l'énorme augmentation, dans les grandes villes, du nombre des aliénés. Quoique les chiffres produits dans ces dernières années aient été contestés par quelques esprits éminents, il ne nous semble pas douteux un seul instant, que dans les grands centres de population, il y a aujourd'hui au moins dix fois plus de fous qu'il y a quarante ans.

Enfin, dans la dernière partie de notre thèse, nous avons établi que, malgré l'énorme mortalité des villes, la population y augmente sans cesse au détriment des campagnes, et que celles-ci sembleraient être des gouffres où vient s'épuiser l'espèce humaine.

Faut-il conclure de là, avec certains esprits chagrins que l'espèce humaine va disparaître ? ou bien qu'il faut se mettre en travers de la civilisation ? Telle n'est pas notre opinion.

Mais une conclusion qui s'impose à notre esprit, c'est que contrairement à la doctrine professée par les philosophes allemands d'aujourd'hui, il n'existe pas de sélection naturelle dans le genre humain.

C'est pour ces motifs qu'indubitablement les hommes d'Etat doivent surveiller et rendre meilleures les sélections artificielles, et ne jamais oublier que l'avenir est aux peuples qui font le plus d'enfants.

Comme il est impossible, par des lois ou des décrets, d'obliger les familles à procréer, le devoir aujourd'hui consiste à diminuer la mortalité, en entravant l'action des diathèses. C'est pour cela qu'il importe au plus haut chef d'aérer et d'assainir les grandes villes et de surveiller l'alimentation des masses, surveillance si facile et si mal faite.

En terminant, nous exprimons le regret que le corps médical, occupé à l'étude des infiniments petits, se désintéresse d'une façon à peu près absolue, de « l'hygiène publique, » dans laquelle réside l'avenir de la médecine.

Paris. — A. PARENT, imp. de la Fac. de médec., rue M.-le-Prince, 31. A. DAVY, successeur.

www.ingramcontent.com/pod-product-compliance
Ingram Content Group UK Ltd.
Pitfield, Milton Keynes, MK11 3LW, UK
UKHW020945180726
13838UKWH00003B/1141